高等职业教育自动化专业系列教材

电气工程 CAD

主　编　李　波
副主编　麦少球　覃贵芳　张　婧　梁　梅
参　编　彭　情　朱婷婷　谭　文
主　审　廖海铭

北京理工大学出版社
BEIJING INSTITUTE OF TECHNOLOGY PRESS

版权专有　侵权必究

图书在版编目(CIP)数据

电气工程CAD / 李波主编. -- 北京：北京理工大学出版社，2023.6(2024.1重印)
　ISBN 978-7-5763-2507-2

Ⅰ.①电… Ⅱ.①李… Ⅲ.①电工技术-计算机辅助设计-AutoCAD软件-高等职业教育-教材 Ⅳ.①TM02-39

中国国家版本馆CIP数据核字(2023)第113356号

责任编辑：王玲玲　　**文案编辑**：王玲玲
责任校对：周瑞红　　**责任印制**：施胜娟

出版发行 /	北京理工大学出版社有限责任公司
社　　址 /	北京市丰台区四合庄路6号
邮　　编 /	100070
电　　话 /	(010)68914026（教材售后服务热线）
	(010)68944437（课件资源服务热线）
网　　址 /	http://www.bitpress.com.cn
版 印 次 /	2024年1月第1版第2次印刷
印　　刷 /	三河市天利华印刷装订有限公司
开　　本 /	787 mm×1092 mm　1/16
印　　张 /	14.5
字　　数 /	337千字
定　　价 /	49.50元

图书出现印装质量问题，请拨打售后服务热线，负责调换

前　言

本书是广西水利电力职业技术学院为了更好地落实职业教育"三教"改革，助推职业教育高质量发展，而组织开发的系列教材之一。

本书编写组根据发电厂及电力系统专业及其专业群的人才培养目标，针对高职学生的文化基础素质和知识结构特点，以实用、易学为原则，突出实践性强、项目任务化教学特点组织编写。编写组成员经过调研，一致认为，按照职业教育的理念和要求，教材应重在技能训练和讲解，也就是对工作任务的操作步骤进行训练和讲解，而对原理不必做系统的阐述。经过充分的企业调研，分析学生所需掌握的知识和技能，从而设计了与电力工程技术相关的6个项目及其配套任务，主要内容包括：AutoCAD 2020基础知识及基本命令练习，车间动力和控制电路图的绘制，室内照明电路图的绘制，电气一次、二次图的绘制，配电网系统图的绘制以及3D技术绘制基础零件等，为"推进新型工业化，加快建设制造强国、质量强国"打下坚实的基础。同时，本书以附录形式介绍机械制图的基础知识，以充实读者绘图、识图的基础性内容。在实际教学过程中，可根据教学安排和实训条件选择相应的内容，学生通过完成每个项目下分解的各个任务，从而完成每个总体项目，最终达到该门课程的学习目标。

本书适用于高等职业本专科院校发电厂及电力系统专业及其专业群，也可以作为相关专业教师教学、学生自学以及电力行业培训中心培训相关技能的参考用书，还适用于电力工程技术人员自学使用。

本书由李波任主编，麦少球、覃贵芳、张婧、梁梅任副主编。书中项目一由覃贵芳编写，项目二由彭情编写，项目三由朱婷婷编写，项目四由张婧编写，项目五由梁梅编写，项目六由谭文编写，附录部分由麦少球编写。全书由李波负责统稿。

本书由廖海铭主审。廖海铭认真审阅了全稿，并提出了许多宝贵意见，作者在此表示衷心的感谢。

我们在本书的编写过程中，参考了大量正式出版的文献资料和电力企业、广西水利电力职业技术学院实训基地的技术资料，在此一并表示感谢。

由于编者的水平有限，书中难免有不足之处，敬请读者批评指正。

编　者

目　　录

项目一　AutoCAD 2020 基础知识及基本命令练习　1

任务一　初识 AutoCAD 2020　1
任务二　学习常用辅助绘图工具　10
任务三　使用与管理图层　15
任务四　创建与编辑标注　18
任务五　创建文字、表格　30
任务六　绘制简单二维对象　36
　6.1　绘制直线对象　36
　6.2　绘制点、矩形、正多边形对象　37
　6.3　绘制圆、圆弧、圆环、椭圆、椭圆弧对象　40
任务七　绘制复杂的二维图形　44
任务八　填充图案、创建块、插入块　48
任务九　使用修改命令编辑对象　54
　9.1　删除、复制、镜像、偏移对象　54
　9.2　阵列、移动、旋转、缩放、拉伸、拉长对象　57
　9.3　修剪、延伸、打断于点、打断对象　60
　9.4　倒角、圆角、分解、合并对象　63

项目二　车间动力和控制电路图的绘制　68

任务一　绘制电动机运行控制电路图　68
任务二　绘制车间低压配电系统图　76
任务三　绘制机床控制电路图　83
任务四　绘制 PLC 控制电路图　89

项目三　室内照明电路图的绘制　100

任务一　绘制单相电源配电箱电气图　100
任务二　绘制两地控制一灯的电路图　107

任务三　绘制教室照明电路平面布置图 …… 110
　　任务四　绘制三室两厅家庭照明电路平面布置图 …… 115

项目四　电气一次、二次图的绘制 …… 125
　　任务一　绘制电气主接线图 …… 125
　　任务二　绘制电气总平面布置图 …… 138
　　任务三　绘制断面图 …… 156
　　任务四　绘制 110 kV 线路保护电流回路图 …… 163

项目五　配电网系统图的绘制 …… 171
　　任务一　绘制配电系统接线图 …… 171
　　任务二　绘制柱上变压器安装图 …… 179
　　任务三　绘制 S1Z 型直线水泥杆组装图 …… 184

项目六　3D 技术绘制基础零件 …… 188
　　任务一　绘制六角螺帽（螺母） …… 188
　　任务二　绘制一个 3D 设备线夹 …… 197

附录　机械制图基础 …… 201

参考文献 …… 225

# 项目一　AutoCAD 2020 基础知识及基本命令练习

■ **知识目标：**
熟悉 AutoCAD 2020 的工作界面、图形文件管理及新图形的创建、鼠标与功能键的使用；了解显示缩放、显示移动功能；掌握图层的创建与设置、辅助绘图功能、绘图命令、修改命令的使用方法；熟悉尺寸标注样式的设置与尺寸标注类型；为正确、快速的电气绘图打下基础。

■ **技能目标：**
能较熟练地对 AutoCAD 2020 的工作界面进行相关的设置，会正确使用辅助绘图工具、绘图命令、修改命令、标注命令等，会正确地、较熟悉地绘制相对复杂的平面图形。

任务一　初识 AutoCAD 2020

任务描述：

AutoCAD 是由美国 Autodesk 公司开发的专门用于计算机绘图设计的软件，AutoCAD 的绘图功能、三维绘图功能非常强大，可以绘制出逼真的模型，目前 AutoCAD 已经广泛应用于机械、建筑、电子、航天和水利等工程领域。本任务主要学习 AutoCAD 2020 绘图的基本知识，了解如何设置图形的系统参数，熟悉创建新的图形文件、打开已有文件的方法等内容，为进入系统学习准备必要的知识。

任务分析：

AutoCAD 作为绘图软件使用工具已广泛应用到各个工程领域中，更多工程技术人员把它当作绘图工具使用；要熟练地掌握 AutoCAD 软件的操作，必须先了解软件的操作界面的组成及如何设置图形的系统参数，熟悉创建新的图形文件、打开已有文件的方法等内容，多动手、练习，才能熟练掌握 AutoCAD 软件的操作方法。

实施步骤：

一、AutoCAD 2020 打开方式

（1）双击桌面 CAD 图标。

（2）单击"开始"→"程序"→"Autodesk"→"AutoCAD 2020"。

二、文件的新建、打开、保存、另存为、关闭

（1）打开方式。

1）命令行：NEW。

2）单击"快速访问工具栏"中的"新建"按钮。

3）快捷键：Ctrl + N。

（2）操作步骤。

执行上述操作后，系统打开如图 1 – 1 所示的"选择样板"对话框。

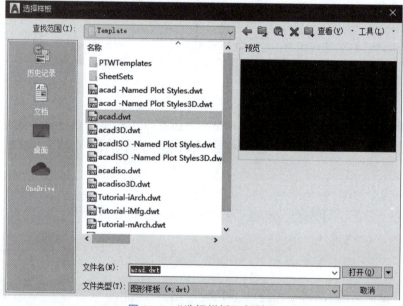

图 1 – 1 "选择样板"对话框

另外，还有"打开""保存""另存为""关闭"命令，它们的操作方式类似。

三、AutoCAD 2020 的界面组成

AutoCAD 操作界面是 AutoCAD 显示、编辑图形的区域，一个完整的操作界面如图 1 – 2 所示，包括应用程序按钮、快速访问工具栏、标题栏、菜单栏、功能区、绘图区、十字光标、UCS 坐标、命令行窗口、状态栏、布局选项卡等。

1. 快速访问工具栏和交互信息工具栏

（1）快速访问工具栏。该工具栏包括"新建""打开""保存""另存为""从 Web 和 Mobile 中打开""保存到 Web 和 Mobile""打印""放弃""重做"等几个常用的工具。用户也可以单击此工具栏后面的下拉按钮选择需要的常用工具。

（2）交互信息工具栏。该工具栏包括"搜索""Autodesk A360""Autodesk App Store""保持

项目一　AutoCAD 2020 基础知识及基本命令练习

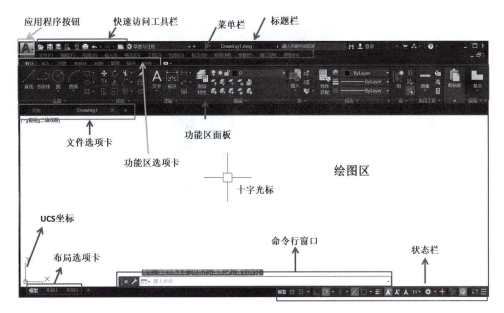

图 1-2　AutoCAD 2020 的操作界面

连接""单击此处访问帮助"等几个常用的数据交互访问工具按钮。

2. 标题栏

记录了系统当前正在运行的应用程序(AutoCAD 2020)的标题和当前图形文件的名称。第一次启动 AutoCAD 2020 时,在标题栏中将显示 AutoCAD 2020 在启动时创建并打开的图形文件,名称为"Drawing1. dwg"。

3. 菜单栏

它是当前软件命令的集合。

4. 功能区

在默认情况下,功能区包括"默认"选项卡、"插入"选项卡、"注释"选项卡、"参数化"选项卡、"视图"选项卡、"管理"选项卡、"输出"选项卡、"附加模块"选项卡、"协作"选项卡、"精选应用"选项卡,如图 1-3 所示。每个选项卡均集成了相关的操作工具,方便用户使用。用户可以单击功能区选项后面的　　按钮,控制功能的展开与收缩。

图 1-3　默认情况下出现的选项卡

(1)设置选项卡。将光标放在面板中任意位置处并右击,打开如图 1-4 所示的快捷菜单。单击某一个未在功能区显示的选项卡名,系统自动在功能区打开该选项卡;反之,关闭该选项卡(调出面板的方法与调出选项卡的方法类似,这里不再赘述)。

(2)选项卡中面板的固定与浮动。面板可以在绘图区浮动。将光标放到浮动面板的右上角,显示"将面板返回到功能区"。单击此处,使其变为固定面板。也可以把固定面板拖出,使其成为浮动面板。

3

图1-4 快捷菜单

5. 绘图区

工作界面。

6. 坐标系图标

在绘图区的左下角,有一个箭头指向的图标,称为坐标系图标,表示用户绘图时正使用的坐标系样式。坐标系图标的作用是为点的坐标确定一个参照系。根据工作需要,用户可以选择将其关闭。

打开方式:

命令行:UCSICON。

菜单栏:选择菜单栏中的"视图"→"显示"→"UCS 图标",如图 1-5 所示。

图1-5 "视图"菜单

7. 命令行窗口

命令行窗口是输入命令名和显示命令提示的区域,默认命令行窗口布置在绘图区下方,由若干文本行构成。对命令行窗口,有以下几点需要说明:

(1)移动拆分条,可以扩大和缩小命令行窗口。

(2)可以拖动命令行窗口,布置在绘图区的其他位置,默认在图形区的下方。

(3)对当前命令行窗口中输入的内容,可以按 F2 键用文本编辑的方法进行编辑。AutoCAD 文本窗口和命令行窗口相似,可以显示当前 AutoCAD 进程中命令的输入和执行过程。在执行 AutoCAD 某些命令时,会自动切换到文本窗口,列出有关信息。

(4)AutoCAD 通过命令行窗口反馈各种信息,也包括出错信息,因此,用户要时刻关注在命令行窗口中出现的信息。

项目一　AutoCAD 2020 基础知识及基本命令练习

8. 状态栏

状态栏显示在屏幕的底部,依次有"坐标""模型空间""栅格""捕捉模式""推断约束""动态输入""正交模式""极轴追踪""等轴测草图""对象捕捉追踪""二维对象捕捉""线宽""透明度""选择循环""三维对象捕捉""动态 UCS""选择过滤""小控件""注释可见性""自动缩放""注释比例""切换工作空间""注释监视器""单位""快捷特性""锁定用户界面""隔离对象""图形特性""全屏显示""自定义"这 30 个功能按钮。单击部分开关按钮,可以实现这些功能的开关。通过部分按钮也可以控制图形或绘图区的状态。

注意:默认情况下不会显示所有工具,可以通过状态栏上最右侧的按钮,从"自定义"菜单中选择要显示的工具。状态栏上显示的工具可能会发生变化,具体取决于当前的工作空间及当前显示的是"模型"选项卡还是"布局"选项卡。下面对部分状态栏上的按钮进行简单介绍。

(1)坐标:显示工作区鼠标放置点的坐标。

(2)模型空间:在模型空间与布局空间之间进行转换。

(3)栅格:栅格是覆盖整个坐标系(UCS)XY 平面的直线或点组成的矩形图案,使用栅格类似于在图形下放置一张坐标纸。利用栅格可以对齐对象并直观显示对象之间的距离。

(4)捕捉模式:对象捕捉对于在对象上指定精确位置非常重要。不论何时提示输入点,都可以指定对象捕捉。默认情况下,当光标移到对象捕捉位置时,将显示标记和工具提示。

(5)推断约束:自动在正在创建或编辑的对象与对象捕捉的关联对象或点之间应用约束。

(6)动态输入:在光标附近显示出一个提示框(称之为"工具提示"),工具提示中显示出对应的命令提示和光标的当前坐标值。

(7)正交模式:将光标限制在水平或垂直方向上移动,以便于精确地创建和修改对象。当创建或移动对象时,可以使用正交模式将光标限制在相对于用户坐标系(UCS)的水平或垂直方向上。

(8)极轴追踪:使用极轴追踪,光标将按指定角度进行移动。

(9)对象捕捉追踪:使用对象捕捉追踪,可以沿着基于对象捕捉点的对齐路径进行追踪。

(10)二维对象捕捉:使用执行对象捕捉设置(也称为"对象捕捉"),可以在对象上的精确位置指定捕捉点。

(11)线宽:分别显示对象所在图层中设置的不同宽度,而不是统一线宽。

四、修改绘图区

在默认情况下,AutoCAD 的绘图区是黑色背景、白色线条,这不符合大多数用户的操作习惯,因此很多用户都对绘图区颜色进行了修改。

(1)绘图区背景颜色修改。

选择菜单栏中的"工具"→"选项"命令,打开"选项"对话框,选择如图 1-6 所示的"显示"选项卡,然后单击"窗口元素"选项组中的"颜色"按钮,打开如图 1-7 所示的"图形窗口颜色"对话框,在"颜色"选项中选择想要的绘图区背景颜色。

(2)十字光标的大小修改。

在图 1-6 所示"十字光标的大小"处,根据习惯改变十字光标的大小即可。

(3)拾取框的大小修改。

在图 1-6 中,单击"选择集"选项卡,在"拾取框大小"处修改拾取框的大小。

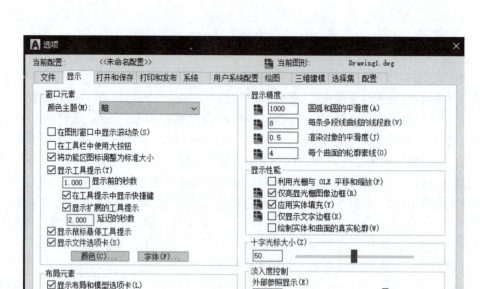

图1-6 "显示"选项卡

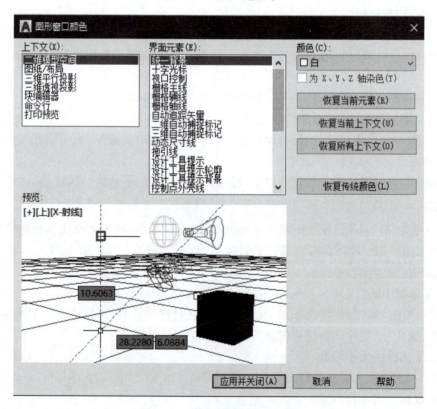

图1-7 "图形窗口颜色"对话框

五、显示图形

1. 实时缩放

(1) 打开方式。

命令行:ZOOM。

菜单栏:选择菜单栏中的"视图"→"缩放"→"实时"命令。

工具栏:单击"标准"工具栏中的"实时缩放"按钮 。

功能区:单击"视图"选项卡"导航"面板中的"实时"按钮 。

(2) 操作步骤。

执行上述命令后,垂直向上或向下拖动鼠标,或者向上或向下滚动鼠标滚轮,可以放大或缩小图形。

2. 实时平移

(1) 打开方式。

命令行:PAN。

菜单栏:选择菜单栏中的"视图"→"平移"→"实时"命令。

工具栏:单击"标准"工具栏中的"实时平移"按钮 。

功能区:单击"视图"选项卡"导航"面板中的"平移"按钮 。

(2) 操作步骤。

执行上述命令后,按下鼠标左键并拖动鼠标即可平移图形。在 AutoCAD 2020 中,为显示控制命令设置了一个右键快捷菜单,如图 1-8 所示。在该菜单中,用户可以在显示命令执行的过程中快速地进行切换。

图 1-8 右键快捷菜单

六、命令输入方式

AutoCAD 交互绘图必须输入必要的指令和参数。AutoCAD 命令输入方式有多种,下面以画直线为例,介绍命令输入方式。

(1) 在命令行输入命令名。命令字符可不区分大小写,如命令"LINE"。执行命令时,在命令行提示中经常会出现命令选项。在命令行输入绘制直线命令"LINE"后,按命令行提示操作。

(2) 在命令行输入命令缩写字母,如"L"(Line)。

(3) 选择"绘图"菜单栏中对应的命令,在命令行窗口中可以看到对应的命令说明及命令名。

(4) 单击"绘图"工具栏中对应的按钮,在命令行窗口中也可以看到对应的命令说明及命令名。

(5) 在绘图区打开快捷菜单。如果之前刚使用过要输入的命令,可以在绘图区右击,打开快捷菜单,在"最近的输入"子菜单中选择需要的命令。

(6) 在绘图区右击。如果用户要重复使用上次使用的命令,可以直接在绘图区右击,打开快捷菜单,选择"重复"命令。

七、命令的重复、撤销、重做

1. 命令的重复

不管上一个命令是完成了还是被取消了,按 Enter 键,可重复调用上一个命令。

2. 命令的撤销

在命令执行的任何时刻都可以取消和终止命令的执行。

打开方式如下。

命令行:UNDO。

菜单栏:选择菜单栏中的"编辑"→"放弃"命令。

工具栏:单击"标准"工具栏中的"放弃"按钮 ⇐ 或单击快速访问工具栏中的"放弃"按钮 ⇐ 。

快捷键:Esc。

3. 命令的重做

已被撤销的命令要恢复重做,可以恢复撤销的最后一个命令。

打开方式:

命令行:REDO(快捷命令:RE)。

菜单栏:选择菜单栏中的"编辑"→"重做"命令。

工具栏:单击"标准"工具栏中的"重做"按钮 ⇒ ,或单击快速访问工具栏中的"重做"按钮 ⇒ 。

快捷键:Ctrl + Y。

AutoCAD 2020 可以一次执行多重放弃和重做操作。单击快速访问工具栏中的"放弃"按钮 ⇐ 或"重做"按钮 ⇒ 后面的小三角形,可以选择要放弃或重做的操作。

知识链接:

1. CAD 的概述

C→Computer 电脑。

A→Aided 辅助。

D→Design 设计。

CAD 为电脑辅助设计软件。

项目一　AutoCAD 2020 基础知识及基本命令练习

　　AutoCAD 是美国 Autodesk 公司于 20 世纪 80 年代在微机上应用 CAD 技术,而开发的绘图程序包。它可以应用于几乎所有跟绘图有关的行业。

2. 应用领域
(1)建筑设计。
(2)机械制图。
(3)化工电子。
(4)土水工程。

3. CAD 的发展史
(1)初级阶段:
1982 年 11 月出现了 AutoCAD 1.0 版本;
1983 年 4 月出现了 AutoCAD 1.2 版本;
1983 年 8 月出现了 AutoCAD 1.3 版本;
1983 年 10 月出现了 AutoCAD 1.4 版本;
1984 年 10 月出现了 AutoCAD 2.0 版本。
(2)发展阶段:
1985 年 5 月出现了 AutoCAD 2.17 和 AutoCAD 2.18 版本,出现了鼠标滚轴;
1986 年 6 月出现了 AutoCAD 2.5 版本;
1987 年 9 月出现了 AutoCAD 9.0 和 AutoCAD 9.03 版本。
(3)高级发展阶段:
1988 年 8 月出现了 AutoCAD R 12.0 版本;
1988 年 12 月出现了 AutoCAD R 12.0 for DOS 版本;
1996 年 6 月出现了 AutoCAD R 12.0 for Windows 版本。
1998 年 1 月出现了 AutoCAD R 13.0 for Windows 版本;
1999 年 1 月出现了 AutoCAD 2000 for Windows 版本;
2001 年 9 月出现了 AutoCAD 2002 for Windows 版本;
2003 年 5 月出现了 AutoCAD 2004 for Windows 版本。

任务二　学习常用辅助绘图工具

任务描述：

正确应用 AutoCAD 辅助绘图功能，可以提高图形绘制和编辑的速度，以及图形的精确度。本任务主要学习辅助绘图相关功能。

任务分析：

绘图辅助工具包括坐标、捕捉、栅格、正交、极轴、对象捕捉、对象追踪等；在绘图过程中，开启绘图辅助功能，并设置相应的捕捉点，可以确保精确绘图；在学习本任务时，注意每个辅助工具的功能、设置及开关方法，以便以后绘图过程中随时用到。

实施步骤：

1. 鼠标作用

（1）左键的作用。

1）点选对象。

当需要选择某个图形时，光标移动到图形的线条（或称边界）上左键单击就可以选中对象。

2）选择并执行命令。

对于 CAD 的所有命令，经常需要用鼠标到菜单、工具栏或 RIBBON 命令面板中单击选择相应的菜单或命令，再单击左键来执行命令。

3）框选对象。

在空白处单击鼠标左键，松开左键后拖动光标到一定位置再次单击，可框选对象。

4）双击编辑对象。

在 CAD 中，定义了针对一些特殊对象的双击动作，在双击这些对象时，会自动执行一些命令，例如双击普通对象，如圆、直线等，会弹出属性框；双击单行文字，会自动调用文字编辑功能；双击多行文字，会自动启动多行文字编辑器；双击多线，会自动执行多线编辑等。

5）移动对象。

图形选中后，光标停留在图形边界上，按住鼠标左键拖动，到一定位置后放开鼠标左键，可以将图形移动到新位置。

（2）滚轴的作用。

1）滚动滚轴放大或缩小图形（界面在放大或缩小）。

2）双击可全屏显示所有图形。

3）按住滚轴可平移界面。

（3）右键的作用。

1）确定。

2）重复上一次操作（重复上一次操作的快捷键还有空格和回车）。

2. 选择对象的方法

（1）直接单击鼠标左键。

（2）正选：左上角向右下角拖动（全部包含其中才能被选中）。

(3)反选:右下角向左上角拖动(碰触到物体的一部分就被选中)。

3. 捕捉(F9)和栅格(F7)

两者必须配合使用。捕捉用于确定鼠标指针每次在 X、Y 方向移动的距离。栅格仅用于辅助定位,打开时屏幕上将布满栅格小点。

使用方法:右击捕捉或栅格按钮,单击"设置",弹出"草图设置"对话框,在"捕捉和栅格"选项卡中可以设置捕捉间距和栅格间距,如图 1-9 所示。

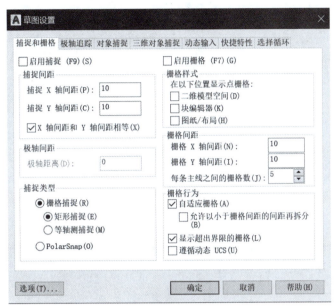

图 1-9 "草图设置"的"捕捉和栅格"

4. 正交(F8)

在绘图过程中,经常需要绘制水平直线和垂直直线,但是用光标控制选择线段的端点时,很难保证两个点严格沿水平或垂直方向,为此,AutoCAD 提供了正交功能。当启用正交模式时,画线或移动对象时,只能沿水平方向或垂直方向移动光标,也只能绘制平行于坐标轴的正交线段。

注意:正交模式必须依托于其他绘图工具,才能显示其功能效果。

(1)打开方式

命令行:ORTHO。

状态栏:单击状态栏中的按钮 ，使"正交限制光标—开"即可。

快捷键:F8。

(2)关闭方式

状态栏:单击状态栏中的按钮 ，使"正交限制光标—关"即可。

快捷键:F8。

5. 极轴(F10)

可以捕捉并显示直线的角度和长度,有利于作一些有角度的直线。

使用方法:右击极轴按钮 后面的倒三角符号,单击"正在追踪设置","极轴追踪"选项卡中的增量角可以根据需要而定,勾选"附加角"可新建第二个捕捉角度,如图 1-10 所示。

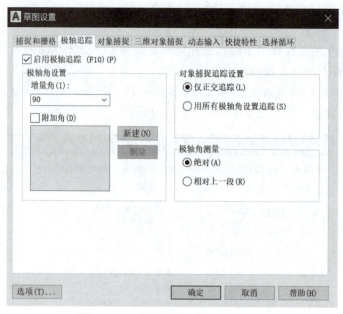

图 1-10 "草图设置"的"极轴追踪"

6. 对象捕捉(F3)

在绘图前,可以根据需要事先开启一些对象捕捉模式,绘图时,系统就能自动捕捉这些特殊点,从而加快绘图速度,提高绘图质量。

(1) 打开方式。

命令行:DDOSNAP。

菜单栏:选择菜单栏中的"工具"→"绘图设置(F)"命令。

工具栏:单击"对象捕捉"工具栏中的"对象捕捉设置"。

快捷菜单:按住 Shift 键右击,在弹出的快捷菜单中选择"对象捕捉设置"命令。

状态栏:单击状态栏中的"对象捕捉"按钮 ▭(仅限于打开与关闭)。

快捷键:F3(仅限于打开与关闭)。

(2) 操作步骤。

在绘制图形时,可随时捕捉已绘图形上的关键点,把鼠标放在状态栏对象捕捉按钮上,右击,单击"对象捕捉设置",在如图 1-11 所示"对象捕捉"选项卡中勾选"捕捉点的类型"即可。

(3) 选项说明

1) "启用对象捕捉"复选框:选中该复选框,在"对象捕捉模式"选项组中选中的捕捉模式处于激活状态。

2) "启用对象捕捉追踪"复选框:用于打开或关闭自动追踪功能。

3) "对象捕捉模式"选项组:此选项组中列出了各种捕捉模式,被选中的捕捉模式处于激活状态。单击"全部清除"按钮,则所有模式均被清除;单击"全部选择"按钮,则所有模式均被选中。

4) "选项"按钮:单击该按钮可以打开"选项"对话框的"草图"选项卡,通过该选项卡可决定捕捉模式的各项设置。

项目一　AutoCAD 2020 基础知识及基本命令练习

图 1-11　"草图设置"的"对象捕捉"

7. 对象追踪(F11)

配合对象捕捉使用,在鼠标指针下方显示捕捉点的提示(长度,角度)。

8. 线宽

图形线宽显示与不显示之间的切换。

开关方式:单击状态栏最后一个名为"自定义"的按钮▤,选择"线宽",√为开,×为关。

知识链接:

1. 坐标系的使用

在 CAD 中使用的是世界坐标,X 为水平,Y 为垂直,Z 为垂直于 X 和 Y 的轴向,这些都是固定不变的,因此称为世界坐标。世界坐标分为绝对坐标和相对坐标。

(1)绝对坐标(相对于原点)。

1)绝对直角坐标:点到 X、Y 方向(有正、负之分)的距离。输入方法:X,Y 的值。输入时要在英文状态下。

2)绝对极坐标:点到坐标原点之间的距离是极半径,该连线与 X 轴正向之间的夹角度数为极角度数,正值为逆时针,负值为顺时针。输入方法:极半径〈极角度数〉,输入时一定要在英文状态下。

(2)相对坐标(相对上一点来说,把上一点看作原点)。

1)相对直角坐标:是指该点与上一输入点之间的坐标差(有正、负之分),相对的符号为@。输入方法:@X,Y 的值。输入时一定要在英文状态下。

2)相对极坐标:是指该点与上一输入点之间的距离,该连线与 X 轴正向之间的夹角度数为极角度数,相对符号为@,正值为逆时针,负值为顺时针。一定要在英文状态下输入。

13

2. 设置图形单位

在 CAD 中创建的单位是 mm,对 CAD 创建的单位进行修改时,应选择格式菜单下的"单位",在弹出的如图 1-12 所示的对话框中进行修改。

(1)打开方式。

命令行:DDUNITS(或 UNITS,快捷命令:UN)。

菜单栏:选择菜单栏中的"格式"→"单位"命令。

(2)操作步骤。

执行上述操作后,系统打开"图形单位"对话框,如图 1-12 所示,该对话框用于定义单位和角度格式。

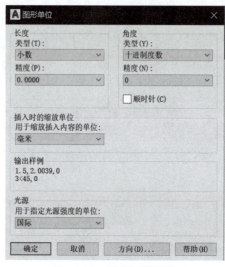

图 1-12 设置图形单位

(3)选项说明。

1)"长度"与"角度"选项组:指定测量的长度与角度的当前单位及精度。

2)"插入时的缩放单位"选项组:控制插入当前图形中的块和图形的测量单位。如果块或图形在创建时使用的单位与该选项指定的单位不同,则在插入这些块或图形时,将对其按比例进行缩放。插入比例是原块或图形使用的单位与目标图形使用的单位之比。如果插入块时不按指定单位缩放,则在其下拉列表框中选择"无单位"选项。

3)"输出样例"选项组:显示用当前单位和角度设置的样例。

4)"光源"选项组:控制当前图形中光度控制光源的强度测量单位。为创建和使用光度控制光源,必须从其下拉列表框中指定非"常规"的单位。如果插入比例设置为"无单位",则将显示警告信息,通知用户渲染输出可能不正确。

5)"方向"按钮:单击该按钮,系统打开"方向控制"对话框,如图 1-13 所示,可进行方向控制设置。

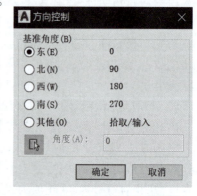

图 1-13 "方向控制"对话框

任务三　使用与管理图层

任务描述：

图层相当于图纸绘图中使用的重叠图纸，创建和命令图层，并为这些图层指定通用特性。通过将对象分类放到各自的图层中，可以快速、有效地控制对象的显示以及对其进行更改。本任务让学生练习新图层的创建方法，包括设置图层的颜色、线型和线宽；掌握"图层特性管理器"对话框的使用方法，并能够设置图层特性、使用图层功能绘制图形。

任务分析：

图层是用户组织和管理图形的强有力的工具；在中文版 AutoCAD 2020 中，所有图形对象都具有图层、颜色、线型和线宽这 4 个基本属性，用户可以使用不同的图层、不同的颜色、不同的线型和线宽绘制不同的对象与元素，方便控制对象的显示和编辑，从而提高绘制复杂图形的效率和准确性。

实施步骤：

AutoCAD 2020 中文版提供了详细、直观的"图层特性管理器"选项板，用户可以方便地通过对该选项板中的各选项及其二级选项板进行设置，从而实现新图层的建立、图层颜色的设置及线型的选择等各种操作。

1. 图层特性管理器（图 1 – 14）

打开图层特性管理器的方法如下：

（1）在命令栏输入快捷键 LA。

（2）菜单栏：选择菜单栏中的"格式"→"图层"命令。

（3）工具栏：单击"图层"工具栏中的"图层特性"按钮 。

（4）功能区：单击"默认"选项卡"图层"面板中的"图层特性"按钮 。

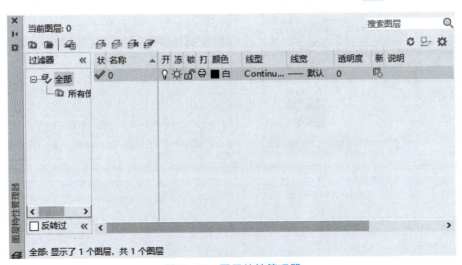

图 1 – 14　图层特性管理器

2. "图层管理器"对话框(图1-14)

各选项含义如下:

(1)"新建":新建图层,可为图层起名及设置线型、颜色、线宽等。

(2)"删除":选择某图层,单击"删除图层",该图层会被删除。

(3)开/关状态:当图层处于打开状态时,如图1-14所示,灯泡为黄色,该图层上的图形可以在显示器上显示,也可以打印;当图层处于关闭状态时,灯泡为灰色,该图层上的图形不能显示,也不能打印。

(4)冻结/解冻状态:图层被冻结,该图层上的图形对象不能被显示出来,也不能打印输出,并且不能编辑或修改;图层处于解冻状态时,该图层上的图形对象能够显示出来,也能够打印,并且可以在该图层上编辑图形对象。

注意:不能冻结当前层,也不能将冻结层改为当前层。

从可见性来说,冻结的图层与关闭的图层是相同的,但冻结的对象不参加处理过程中的运算,关闭的图层则要参加运算,所以,在复杂的图形中冻结不需要的图层可以加快系统重新生成图形的速度。

(5)锁定/解锁状态:锁定状态并不影响该图层上图形对象的显示,用户不能编辑锁定图层上的对象,但可以在锁定的图层中绘制新图形对象。此外,还可以在锁定的图层上使用查询命令和对象捕捉功能。

(6)颜色、线型与线宽:单击"颜色"列中对应的图标,可以打开"选择颜色"对话框,如图1-15所示,选择图层颜色;单击在"线型"列中的线型名称,可以打开"选择线型"对话框,选择所需的线型,"选择线型"选择对话框如图1-16所示,"加载或重载线型"对话框如图1-17所示;单击"线宽"列显示的线宽值,可以打开"线宽"对话框,如图1-18所示,选择所需的线宽。

图1-15 "选择颜色"对话框

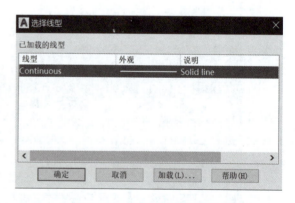

图1-16 "选择线型"对话框

3. 不可删除的图层

(1)图层0和定义点。

(2)当前图层。

(3)依赖外部参照的图层。

项目一　AutoCAD 2020 基础知识及基本命令练习

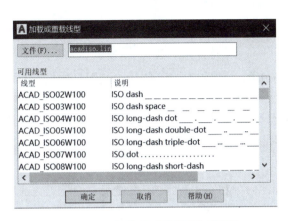

图 1－17　"加载或重载线型"对话框

图 1－18　"线宽"对话框

(4)包含对象的图层。

外部参照:文件之间的一个链接关系,某文件依赖于外部文件的变化而变化。

知识链接:

1. 建立外部参照的步骤

(1)新建一个窗口,命名为文件 1。

(2)在"插入"菜单下选择"外部参照",选择参照文件名为 2,确定。

(3)在文件 1 中插入文件 2,保存。

(4)打开文件 2,进行改动保存。

打开文件 1,观察到文件 1 的改动跟文件 2 一样,即文件 2 改动,文件 1 随之改变。

2. 图形转移图层步骤

(1)选中该图形。

(2)右击空白处,弹出"特性"对话框,如图 1－19 所示。

(3)在"特性"对话框中的"图层"列表中选择所需图层。

(4)关闭即可。

注:对象特性包含一般特性和几何特性,一般特性包括对象的颜色、线型、图层及线宽等,几何特性包括对象的尺寸和位置。可以直接在"特性"窗口中设置和修改对象的特性。

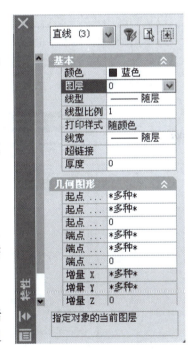

图 1－19　"特性"对话框

17

任务四　创建与编辑标注

任务描述：

在图形设计中,尺寸标注是绘图设计工作中的一项重要内容,因为绘制图形的根本目的是反映对象的形状,而图形中各个对象的真实大小和相互位置只有经过尺寸标注后才能确定。通过完成本任务,学生了解尺寸标注的规则和组成,以及"标注样式管理器"对话框的使用方法,并掌握创建尺寸标注的基础以及样式设置的方法。

任务分析：

AutoCAD 2020 包含了一套完整的尺寸标注命令和实用程序,用户使用它们足以完成图纸中要求的尺寸标注。用户在进行尺寸标注之前,必须了解 AutoCAD 2020 尺寸标注的组成、标注样式的创建和设置方法、尺寸的类型以及标注步骤,确保快速、准确完成图形标注。

实施步骤：

1. 创建与设置标注的样式

(1)打开"标注样式管理器"对话框,方法：

1)在功能区单击"默认"选项卡"注释"面板中的"标注样式"按钮 ；

2)单击"格式"菜单下的"标注样式"命令；

3)在命令栏输入快捷键 D,确定,或按 Ctrl + M 组合键。

"标注样式管理器"对话框如图 1 – 20 所示。

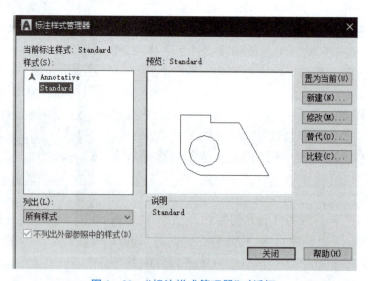

图 1 – 20　"标注样式管理器"对话框

(2)单击图 1 – 20 所示对话框中的"修改"按钮,将弹出图 1 – 21 所示的"修改标注样式"对话框。

项目一　AutoCAD 2020 基础知识及基本命令练习

图 1-21　修改标注样式(线和符号箭头选项卡)

1)"线""符号和箭头"选项卡:

①在"尺寸线"选项区中,可以设置尺寸线的颜色、线宽、超出标记以及基线间距等属性。该选项区中各选项含义如下:

"颜色"下拉列表框:用于设置尺寸线的颜色。

"线宽"下拉列表框:用于设置尺寸线的宽度。

"超出标记"微调框:当尺寸线的箭头采用倾斜样式时,建筑标记、小点、积分或无标记等样式时,使用该微调框可以设置尺寸线超出尺寸界线的长度,超出标记为 0 时,标注的效果类似于图 1-22 所示;而超出标记不为 0 时,标注的效果类似于图 1-23 所示。

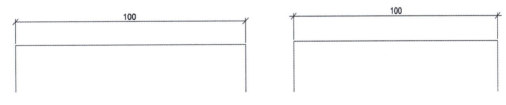

图 1-22　超出标记为 0 时　　　　　图 1-23　超出标记不为 0 时

"基线间距"文本框:进行基线尺寸标注时,可以设置各尺寸线之间的距离,如图 1-24 所示。

"隐藏"选项区:通过选择"尺寸线 1"或"尺寸线 2"复选框,可以隐藏第一段,如图 1-25 所示,或隐藏第二段尺寸线及其相应的箭头,如图 1-26 所示。

②在"尺寸界线"选项区中:可以设置尺寸界线的颜色、线宽、超出尺寸线的长度和起点偏移量、隐藏控制等属性。

19

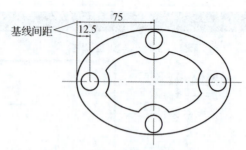

图1-24 基线间距设置

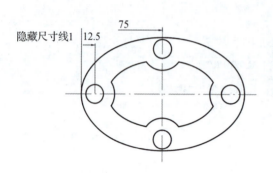

图1-25 隐藏尺寸线1　　　　　　图1-26 隐藏尺寸线2

该选项区中各选项含义如下：

"颜色"下拉列表框：用于设置尺寸界线的颜色。

"线宽"下拉列表框：用于设置尺寸界线的宽度。

"超出尺寸线"文本框：用于设置尺寸界线超出尺寸线的距离，超出尺寸线距离为0时，标注的效果类似于图1-27所示；而超出尺寸线距离不为0时，标注的效果类似于图1-28所示。

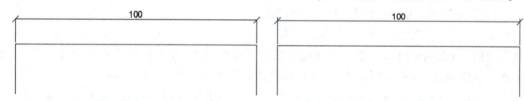

图1-27 超出尺寸线距离为0时　　　　　　图1-28 超出尺寸线距离不为0时

"起点偏移量"文本框：用于设置尺寸界线的起点与标注定义的距离，如图1-29所示。

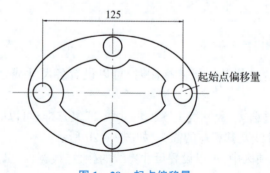

图1-29 起点偏移量

"隐藏"选项区:通过选择"尺寸界线1"或"尺寸界线2"复选框,可以隐藏尺寸界线,隐藏尺寸界线1如图1-30所示;隐藏尺寸界线2如图1-31所示。

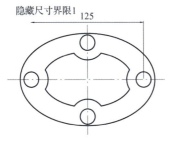 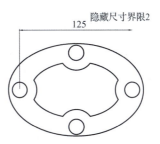

图1-30 隐藏尺寸界线1　　　　图1-31 隐藏尺寸界线2

③箭头:可以设置尺寸线和引线箭头的类型及尺寸大小。

④圆心标记:在"圆心标记"选项组中,可以设置圆或圆弧的圆心标记类型,如"标记""直线"和"无"。其中,选择"标记"选项可对圆或圆弧绘制圆心标记,如图1-32(a)所示;选择"直线"选项,可对圆或圆弧绘制中心线,如图1-32(b)所示;选择"无"选项,则没有任何标记。

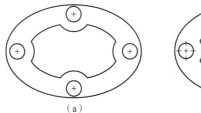

图1-32 标记效果和直线效果

(a)标记效果;(b)直线效果

2)"文字"选项卡如图1-33所示。

图1-33 "文字"选项卡

①文字外观:可以设置文字的样式、颜色、高度、分数高度比例以及控制是否绘制文字的边框。该选项区中各选项含义如下:

"文字样式"下拉列表框:用于选择标注文字的样式。

"文字颜色"下拉列表框:用于设置标注文字的颜色。

"文字高度"文本框:用于设置标注文字的高度。

"绘制文本边框"复选框:用于设置是否给标注文字加边框,如图1-34所示。

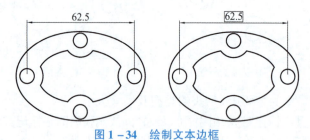

图1-34 绘制文本边框

②文字位置:可以设置文字的垂直位置、水平位置以及距尺寸线的偏移量,设置文字的位置效果如图1-35所示。

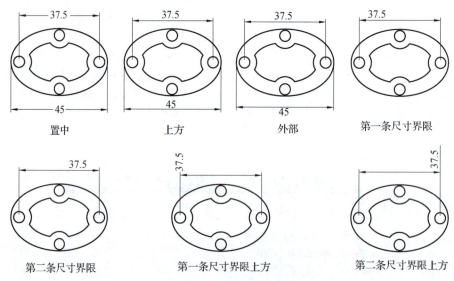

图1-35 设置文字的位置效果

③文字对齐:可以设置标注文字是保持水平还是与尺寸线平行,效果如图1-36所示。

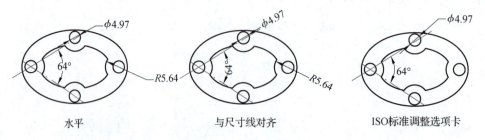

图1-36 设置文字对齐

3)"调整"选项卡如图 1-37 所示。

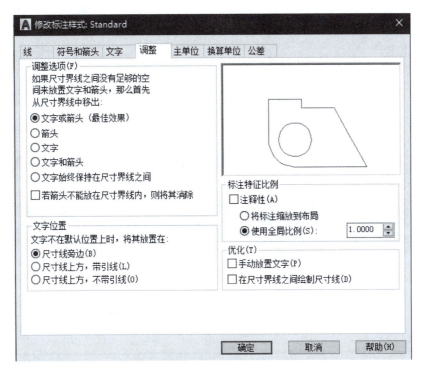

图 1-37 "调整"选项卡

①"调整选项"选项区:可以确定当尺寸界线之间没有足够空间同时放置标注文字和箭头时,应首先从尺寸界线之间移出对象,如图 1-38 所示。

图 1-38 文字与箭头的位置

②"文字位置"选项区:用户可以设置当文字不在默认位置时的位置,如图 1-39 所示。

图 1-39 文字的位置

③"标注特征比例"选项区:可以设置标注尺寸的特征比例,以便通过设置全局比例因子来增加或减小各标注的大小,设置全局比例为 1 的效果如图 1-40 所示,而设置全局比例为 1.5 的效果如图 1-41 所示。

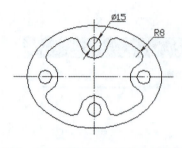
图 1-40 设置全局比例为 1 的效果

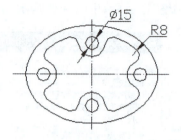
图 1-41 设置全局比例为 1.5 的效果

4)"主单位"选项卡如图 1-42 所示。在此选项卡中,可以设置主单位的格式与精度等属性。

图 1-42 "主单位"选项卡

5)"换算单位"选项卡如图 1-43 所示。在此选项卡中,可以设置换算单位的格式。

6)"公差"选项卡如图 1-44 所示。在此选项卡中,用于设置是否标注公差,以及以何种方式进行标注。

2. 尺寸标注的类型

尺寸标注的类型如图 1-45 所示。

3. 尺寸标注的举例(图 1-46)

(1)创建连续线性标注的步骤。

1)从"标注"菜单中选择"连续"或单击标注工具栏中的 ┣┫。

2)使用"对象捕捉"指定其他尺寸界线原点。

3)按两次 Enter 键结束命令。

项目一 AutoCAD 2020 基础知识及基本命令练习

图 1-43 "换算单位"选项卡

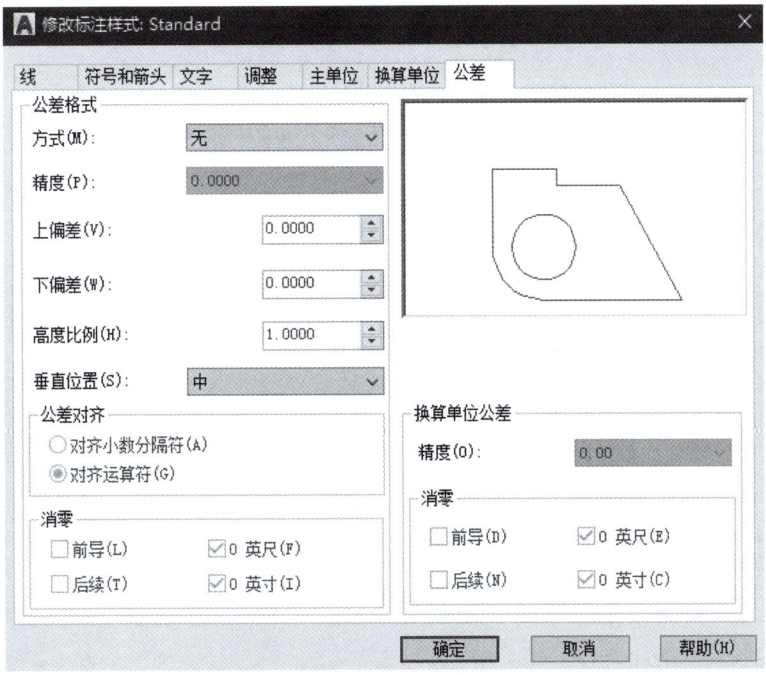

图 1-44 "公差"选项卡

图1-45 尺寸标注的类型

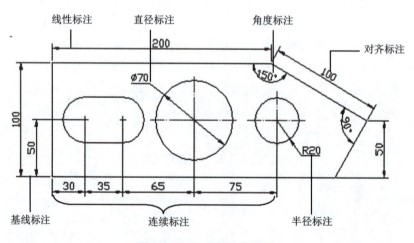

图1-46 尺寸标注的举例

(2)创建对齐标注的步骤。

1)在"标注"菜单中单击"对齐"命令或单击"标注"工具栏中的 。

2)单击指定物体,在指定尺寸位置之前,可以编辑文字或修改文字角度。

①要使用多行文字来编辑文字,则输入 M(多行文字),在多行文字编辑器中修改文字,然后单击"确定"按钮。

②要使用单行文字来编辑文字,则输入 T(文字),修改命令行上的文字,然后单击"确定"按钮。

③要旋转文字,则输入 A(角度),然后输入文字角度。

(3)创建基线线性标注的步骤。

1)从"标注"菜单中选择"基线"或单击标注工具栏中的 ⊟ 。

默认情况下,上一个创建的线性标注的原点用作新基线标注的第一尺寸界线。AutoCAD 提示指定第二条尺寸线。

2)使用对象捕捉选择第二条尺寸线原点,或按 Enter 键选择任意标注作为基准标注。AutoCAD 在指定距离(在"标注样式管理器"的"直线和箭头"选项卡的"基线间距"选项中指定)自动放置第二条尺寸线。

3)使用"对象捕捉"指定下一个尺寸界线原点。

4)根据需要可继续选择尺寸界线原点。

5)按两次 Enter 键结束命令。

注:基线标注必须借助线性标注或对齐标注。

连续标注与基线标注类似,必须借助线性标注和对齐标注,不能单独使用,如图 1-47 所示。

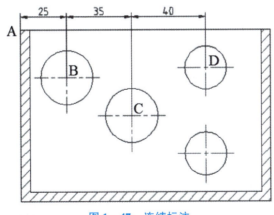

图 1-47 连续标注

(4)创建直径标注的步骤。

1)从"标注"菜单中选择"直径"或单击"标注"工具栏中的 ⊘ 。

2)选择要标注的圆或圆弧。

3)根据需要输入选项。

要编辑标注文字内容,则输入 T(文字)或 M(多行文字);要改变标注文字角度,则输入 A。

4)指定引线的位置。

创建半径标注的步骤与创建直径的步骤相同。

(5)创建角度标注的步骤

1)从"标注"菜单中选择"角度"或单击"标注"工具栏中的 △ 。

2）使用下列方法之一：

①要标注圆，则在角的第一端点选择圆，然后指定角的第二端点。

②要标注其他对象，则选择第一条直线，然后选择第二条直线。

3）根据需要输入选项：

①要编辑标注文字内容，则输入 T（文字）或 M（多行文字）。

②要编辑标注文字角度，则输入 A（角度），如图 1-48 所示。

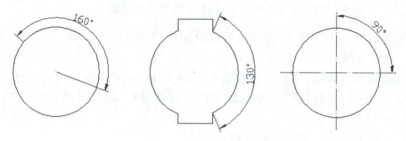

图 1-48　角度标注的文字位置

知识链接：

1. 尺寸标注的组成

（1）尺寸界线。

（2）尺寸线。

（3）标注文字。

（4）箭头。

图形标注实例如图 1-49 所示。

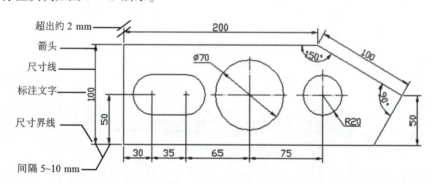

图 1-49　图形标注实例

2. 尺寸标注的规则

（1）物体的真实大小应以图样上所标注的尺寸数值为依据，与图形的大小及绘图的准确度无关。

（2）图样中的尺寸以毫米为单位时，不需要标注计量单位的代号或名称。

（3）图样中所标注的尺寸为该图样所表示的物体的最后完工尺寸，否则应另加说明。

（4）物体的每一尺寸一般只标注一次，并应标注在最后反映该结构最清晰的图形上。

项目一　AutoCAD 2020 基础知识及基本命令练习

知识拓展：

　　1. 过滤选择

　　在 AutoCAD 中,可以对象的类型(如直线、圆及圆弧等)、图层、颜色、线型或线宽等特性作为条件,过滤选择符合设定条件的对象。在命令行中输入 FILTER 命令,打开"对象选择过滤器"对话框。需要注意,此时必须考虑图形中对象的这些特性是否设置为随层。对象选择过滤器如图 1-50 所示。

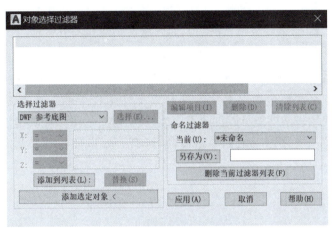

图 1-50　对象选择过滤器

　　2. 快速选择

　　在 AutoCAD 中,当需要选择具有某些共同特性的对象时,可利用"快速选择"对话框,根据对象的图层、线型、颜色等特性和类型,创建选择集。选择"工具"→"快速选择"命令,可打开"快速选择"对话框,如图 1-51 所示。

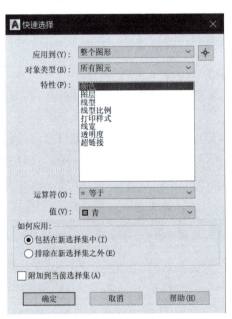

图 1-51　"快速选择"对话框

29

任务五　创建文字、表格

任务描述：

本任务要求学生练习创建文字，包括设置文字样式名、字体、文字效果；设置表格样式，包括设置数据、列标题和标题样式；创建与编辑单行文字和多行文字方法；使用文字控制符和"文字格式"工具栏编辑文字；创建表格方法以及如何编辑表格和表格单元。

任务分析：

文字对象是 AutoCAD 图形中很重要的图形元素，是工程制图中不可缺少的组成部分。在一个完整的图样中，通常都包含一些文字注释来标注图样中的一些非图形信息。另外，在 AutoCAD 2020 中，使用表格功能可以创建不同类型的表格，还可以在其他软件中复制表格，以简化制图操作。在练习过程中，注意观察命令行的信息，以便快速掌握创建文字和表格的方法。

实施步骤：

一、文字命令

分为多行文字(T)和单行文字(dt)。

多行文字：输入的文字是一个整体。

单行文字：也可以输入多行文字，但是输入每行都是一个独立的对象。

1. 打开方式

(1) 单击"默认"选项卡"注释"面板中的单击文字按钮 **A**。

(2) 在"绘图"菜单下单击"文字"命令。

(3) 在命令栏中直接输入快捷键 T。

2. 绘制文字的步骤

(1) 在命令栏中输入文字的快捷键 T。

(2) 输入文字时，要用鼠标左键画出文字所在的范围。在其对话框中可以设置字体、颜色等。

注：修改文字的快捷键为 ED，或双击也可以对它进行修改，当文字出现"？"时，说明字体不对或者没有字体名，单击"格式"→"文字样式"→"字体名"，选择正确的字体。

文字控制符见表 1-1。

表 1-1　文字控制符

控制符	功能
%%O	打开或关闭文字上划线
%%U	打开或关闭文字下划线
%%D	标注度(°)符号

续表

控制符	功能
%%P	标注正负公差(±)符号
%%C	标注直径(φ)符号

3. 文字样式

AutoCAD 2020 中文版提供了"文字样式"对话框,通过此对话框可方便、直观地设置需要的文字样式,或者对已有样式进行修改。

(1)打开方式。

1)命令行:STYLE(快捷命令:ST)或 DDSTYLE。

2)菜单栏:选择菜单栏中的"格式"→"文字样式"命令。

3)工具栏:单击"文字"工具栏中的"文字样式"按钮,打开如图 1-52 所示的"文字样式"对话框。

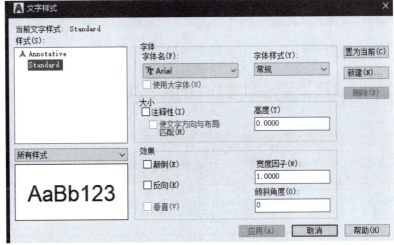

图 1-52 "文字样式"对话框

(2)命令行选项说明。

1)"样式"列表框中列出所有已设定的文字样式名或对已有样式名进行相关操作。单击"新建"按钮,打开如图 1-53 所示的"新建文字样式"对话框,在该对话框中可以为新建的文字样式输入名称。从"样式"列表框中选中要改名的文本样式并右击,选择快捷菜单中的"重命名"命令,如图 1-54 所示,可以为所选文本样式输入新的名称。

图 1-53 "新建文字样式"对话框

图 1-54 快捷菜单

2)"字体"选项组:用于确定字体样式。文字的字体确定字符的形状,在 AutoCAD 中,除了固有的 SHX 形状字体文件外,还可以使用 TrueType 字体(如宋体、楷体、italley 等)。一种字体可以设置不同的效果,从而被多种文本样式使用,图 1-55 所示就是同一种字体(宋体)的不同样式。

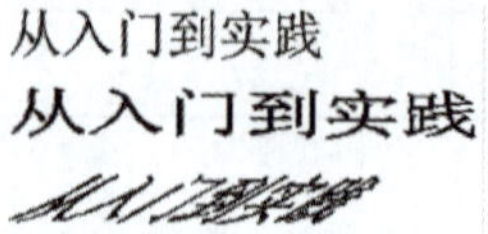

图 1-55 同一种字体不同样式

3)"大小"选项组:用于确定文字样式使用的字体文件、字体风格及字高。"高度"文本框用来设置创建文字时的固定字高。在用"TEXT"命令输入文字时,AutoCAD 不再提示输入字高参数。如果在此文本框中设置字高为 0,系统会在每次创建文字时提示输入字高,所以,如果不想固定字高,就可以把"高度"文本框中的数值设置为 0。

4)"效果"选项组:
①"颠倒"复选框:选中该复选框,表示将文本文字倒置标注,如图 1-56(a)所示。
②"反向"复选框:选中该复选框,表示将文本文字反向标注,如图 1-56(b)所示。

图 1-56 文字倒置标注与反向标注

③"垂直"复选框:确定文本是水平标注还是垂直标注。选中该复选框时,为垂直标注;否则,为水平标注。垂直标注文字如图 1-57 所示。

图 1-57 垂直标注文字

④"宽度因子"文本框:设置宽度系数,确定文本字符的宽高比。当比例系数为 1 时,表示将按字体文件中定义的宽高比标注文字。当此系数小于 1 时,字会变窄;反之,字会变宽。
⑤"倾斜角度"文本框:用于确定文字的倾斜角度。角度为 0 时不倾斜,为正数时向右倾斜,为负数时向左倾斜。

5)"应用"按钮:确认对文字样式的设置。当创建新的文字样式,或对现有文字样式的某些特征进行修改后,都需要单击此按钮,系统才会确认所做的改动。

二、创建表格

1. 新建表格样式

步骤:选择"格式"→"表格样式"命令(TABLESTYLE),打开"表格样式"对话框,如图 1-58 所示。单击"新建"按钮,弹出如图 1-59 所示的"创建新的表格样式"对话框,可创建新表格样式。在"新样式名"文本框中输入新的表格样式名,在"基础样式"下拉列表中选择默认的表格样式、标准的或者任何已经创建的样式,新样式将在该样式的基础上进行修改。然后单击"继续"按钮,打开"新建表格样式"对话框,如图 1-60 所示,可以通过它指定表格的行格式、表格方向、边框特性和文字样式等内容。

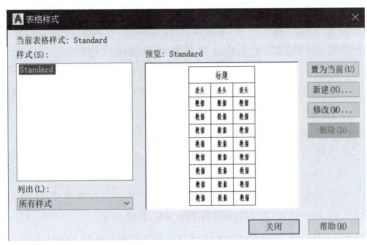

图 1-58 "表格样式"对话框

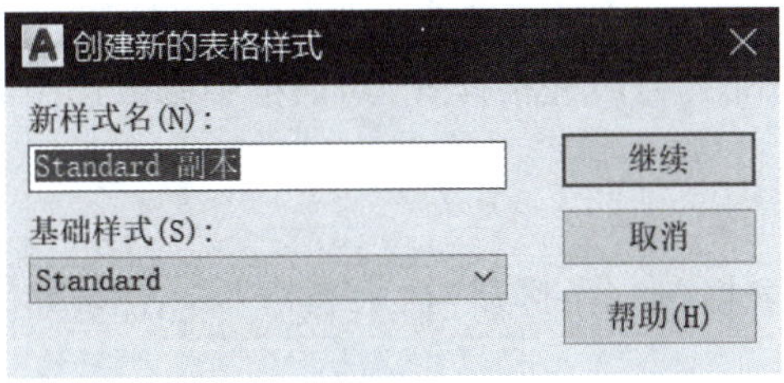

图 1-59 "创建新的表格样式"对话框

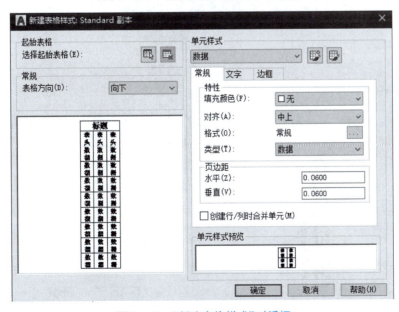

图 1-60 "新建表格样式"对话框

"新建表格样式"对话框的"单元样式"下拉列表框中有 3 个重要的选项:"数据""表头""标题",分别控制表格中数据、列标题和总标题的有关参数。在"新建表格样式"对话框中有 3 个重要的选项卡,分别介绍如下:

(1)"常规"选项卡:用于控制数据栏格与标题栏格的上下位置关系。

(2)"文字"选项卡:用于设置文字属性。在"文字样式"下拉列表框中可以选择已定义的文字样式并应用于数据文字,也可以单击右侧的按钮重新定义文字样式。其中,"文字高度""文字颜色""文字角度"各选项设定了相应参数格式可供用户选择。

(3)"边框"选项卡:用于设置表格边框属性中的边框线,控制数据边框线的各种形式,如绘制所有数据边框线、只绘制数据边框外部边框线、只绘制数据边框内部边框线、无边框线、只绘制底部边框线等。选项卡中的"线宽""线型""颜色"下拉列表框,则控制边框线的线宽、线型和颜色;选项卡中的"间距"文本框,用于控制单元边界和内容之间的间距。

"修改"按钮:用于对当前表格样式进行修改,修改方式与新建表格样式的方式相同。

2. 管理表格样式

(1)在"表格样式"对话框的"当前表格样式"后面,显示了当前使用的表格样式(默认为 Standard);在"样式"列表中显示了当前图形所包含的表格样式。

(2)在"预览"窗口中显示了选中表格的样式;在"列出"下拉列表中,可以选择"样式"列表是显示图形中的所有样式,还是正在使用的样式。

(3)在"表格样式"对话框中,还可以单击"置为当前"按钮,将选中的表格样式设置为当前;单击"修改"按钮,在打开的"修改表格样式"对话框中修改选中的表格样式;单击"删除"按钮,删除选中的表格样式。

3. 插入表格

步骤:单击"绘图"→"表格"命令,打开"插入表格"对话框,如图 1-61 所示,设置插入表格的样式,单击"确定"按钮。

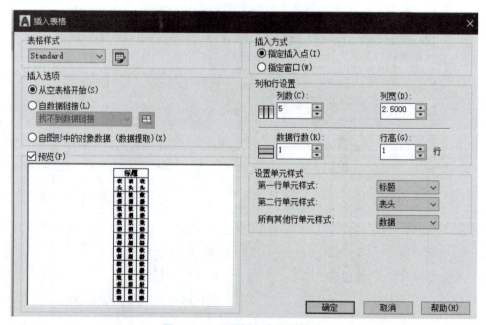

图 1-61 设置插入表格的样式

插入表格样式设置:

(1)"表格样式"选项组:可以在"表格样式"下拉列表框中选择一种表格样式,也可以通过单击后面的按钮来新建或修改表格样式。

(2)"插入选项"选项组:指定插入表格的方式。

1)"从空表格开始"单选按钮:创建可以手动填充数据的空表格。

2)"自数据链接"单选按钮:通过启动数据链接管理器来创建表格。

3)"自图形中的对象数据(数据提取)"单选按钮:通过启动"数据提取"向导来创建表格。

(3)"插入方式"选项组。

1)"指定插入点"单选按钮:指定表格的左上角的位置。可以使用定点设备,也可以在命令行中输入坐标值。如果在表格样式中将表格的方向设置为由下而上读取,则插入点位于表格的左下角。

2)"指定窗口"单选按钮:指定表格的大小和位置。可以使用定点设备,也可以在命令行中输入坐标值。选定此选项时,行数、列数、列宽和行高取决于窗口的大小及列和行的设置。

(4)"列和行设置"选项组:指定列和数据行的数目及列宽与行高。

(5)"设置单元样式"选项组:可指定"第一行单元样式""第二行单元样式""所有其他行单元样式"分别为"标题""表头""数据"。

注意:在"插入方式"选项组中选中"指定窗口"单选按钮后,"列和行设置"选项组中的两个参数中只能指定一个,另一个由指定窗口的大小自动等分来确定。

在"插入表格"对话框中进行相应设置后,单击"确定"按钮,系统在指定的插入点或窗口自动插入一个空表格,并显示"文字编辑器"选项卡,用户可以逐行逐列输入相应的文字或数据。

知识链接:

编辑表格:

从表格的快捷菜单中可以看到,可以对表格进行剪切、复制、删除、移动、缩放和旋转等简单操作,还可以均匀调整表格的行、列大小,删除所有特性替代。当选中表格,单击右键,选择"输出"命令时,还可以打开"输出数据"对话框,以.csv 格式输出表格中的数据。

当选中表格后,在表格的四周、标题行上将显示许多夹点,也可以通过拖动这些夹点来编辑表格,如图 1-62 所示。

图 1-62 拖动夹点编辑表格

任务六　绘制简单二维对象

6.1　绘制直线对象

任务描述：

用直线命令绘制如图 1-63 所示的简单线性图形。

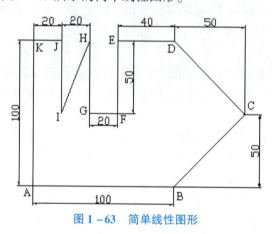

图 1-63　简单线性图形

任务分析：

图形由对象组成，可以使用指定点的位置或者在命令行输入坐标值来绘制对象。在 AutoCAD 中，直线、射线和构造线是最简单的一组线性对象，因此，学习直线、射线、构造线命令是绘制线性图形的基础，在绘图过程中正确使用坐标系，开启绘图相应的辅助工具，保证精确绘图。

实施步骤：

1. 打开直线命令(快捷键为 L)

打开方式：

1) 直接在功能区"默认"选项卡单击"直线"按钮 。

2) 在"绘图"菜单下单击"绘图"→"直线"命令。

3) 直接在命令中输入快捷键 L(在命令行内输入命令快捷键，按 Enter 键或空格键确定)。

2. 绘制直线

绘制水平或垂直线的方法：

(1)打开"正交"，在命令行中输入直线命令的快捷键 L 并确定。

(2)用鼠标左键在屏幕中单击直线一个端点，拖动鼠标，确定直线方向。

(3)输入直线长度并确定。

绘制倾斜直线的方法：

如图 1-63 所示，在相对坐标输入方式下，表示为"@长度<角度"，如"@50<45"，其中，长度为该点到前一点的距离，角度为该点至前一点的连线与 X 轴正向的夹角。

注意:在绝对坐标输入方式下,表示为"长度＜角度",如"50＜45",其中长度为该点到坐标原点的距离,角度为该点至原点的连线与 X 轴正向的夹角。

3. 依照同样的方法继续绘制,直至图形完毕,按确认键结束直线命令

注意:

(1)取消命令方法:按 Esc 键或右击。

(2)取消上一个操作的方法:在命令栏中输入(U),回车。

(3)三点或三点以上,如果让第一点和最后一点闭合并结束直线的绘制,方法:在命令栏中输入(C)回车。

4. 命令行选项说明

(1)若采用按 Enter 键响应"指定第一个点"的提示,系统会把上次绘制图线的终点作为本次图线的起始点。

(2)在"指定下一点或"提示下,用户可以指定多个端点,从而绘出多条直线段。但是,每段直线都是一个独立的对象,可以进行单独的编辑操作。

(3)绘制两条以上直线段后,若采用输入选项"C",系统会自动连接起始点和最后一个端点,从而绘出封闭的图形。

(4)若采用输入选项"U",则删除最近一次绘制的直线段。

(5)若设置为正交方式(单击状态栏中的"正交模式"按钮),只能绘制水平线段或垂直线段。

(6)若设置动态数据输入方式(单击状态栏中的"动态输入"按钮),则可以动态输入坐标或长度值,效果与非动态数据输入方式类似。

6.2　绘制点、矩形、正多边形对象

任务描述:

在 AutoCAD 2020 中,点对象可用作捕捉和偏移对象的节点或参考点,可以通过"单点""多点""定数等分""定距等分"4 种方法创建点对象;可以使用"矩形"命令绘制矩形,使用"正多边形"命令绘制正多边形;本任务要求学生按规定要求绘制点、矩形、正多边形对象。

任务分析:

AutoCAD 绘图工具栏中的"点""矩形""正多边形"命令在绘制图形过程中经常用到,在练习使用这些命令时,注意观察命令行的信息,正确使用辅助绘图工具,多思考、勤动手才能熟练地使用这些命令。

实施步骤:

一、点命令(PO)

在绘图中起辅助作用。

1. 打开方式

(1)在菜单下单击"绘图"→"点"命令。

(2)直接在命令中输入快捷键 PO。

2. 绘制说明

(1)在菜单下单击"绘图"→"点"命令。

单点 S:一次只能画一个点。

多点 P:一次可画多个点,左击加点,按 Esc 键停止。

定数等分 D:选择对象后,设置数目。

定距等分 M:选择对象后,指定线段长度。

(2)可以单击状态栏中的"对象捕捉"按钮,设置点捕捉模式,勾选草图设置对话框中的"节点",帮助用户选择点。

(3)点在图形中的表示样式共有 20 种。可通过"DDPTYPE"命令或选择菜单栏中的"格式"→"点样式"命令,打开如图 1-64 所示的"点样式"对话框,即可选择点的样式,设定点大小。

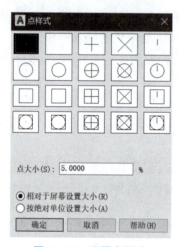

图 1-64 设置点样式

相对于屏幕设置大小:当滚动滚轴时,点大小随屏幕分辨率大小而改变。

按绝对单位设置大小:当滚动滚轴时,点大小不会改变。

注意:在同一图层中,点的样式必须是统一的,不能出现不同的点。

二、矩形命令(REC)

1. 打开方式

(1)命令行:RECTANG(快捷命令:REC)。

(2)菜单栏:选择菜单栏中的"绘图"→"矩形"命令。

(3)工具栏:单击"绘图"工具栏中的"矩形"按钮 。

(4)功能区:单击"默认"选项卡"绘图"面板中的"矩形"按钮 。

2. 绘制矩形的步骤

在命令行内输入命令的快捷键 Rec→确定→用鼠标左键在操作窗口中指定第一角点,并拖动鼠标→在命令行内输入@X,Y→确定。

X 为矩形在水平方向上的距离;

Y 指矩形在垂直方向上的距离。

不同设置绘制的矩形如图1-65所示。

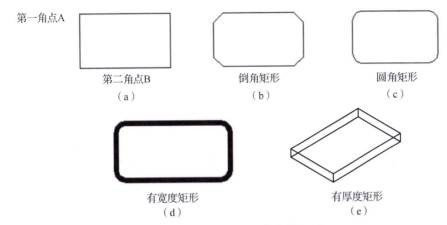

图1-65　不同设置绘制得出的矩形

（1）指定第一角点，如果在指定一点后按D键→确定（这时为使用尺寸方法创建矩形方法）→输入矩形的长度和宽度→指定另外一个角点，将这一点定位在矩形的内部，即得到图1-65（a）所示矩形。

（2）不指定第一点，直接按C键→确定→输入矩形的第一个倒角距离→确定→输入矩形的第二个倒角距离→确定→指定第一角点，拖动鼠标并指定另外一个角点，便可得到图1-65（b）所示矩形。

（3）不指定第一点，直接按F键→确定→输入矩形的圆角半径，便可得到图1-65（c）所示矩形。

（4）在不指定第一点时直接按W键→确定→输入矩形的线宽，便可得到图1-65（d）所示指定线宽的矩形。

（5）矩形自身的厚度，相当于立方体的高度，如图1-65（e）所示有厚度的矩形。

（6）标高，指高出当前平面的值。就是输入标高值的矩形在另一个平面，这个平面和当前平面的距离就是标高值。标高的设置方式：输入"矩形"命令后，选择"标高"选项，输入标高值，随后绘制矩形。

三、正多边形命令（POL）

它可以创建3～1 024条等长边的闭合多段线创建，特点为每个边都相等。

1．打开方式

（1）命令行：POLYGON（快捷命令：POL）。

（2）菜单栏：选择菜单栏中的"绘图"→"多边形"命令。

（3）工具栏：单击"绘图"工具栏中的"多边形"按钮。

（4）功能区：单击"默认"选项卡"绘图"面板中的"多边形"按钮 。

2．绘制正多边形的步骤

（1）绘制内接正多形方法：在命令栏中输入快捷键POL，在命令栏中输入边数，指定正多边形的中心，输入I，确定，再输入半径长度。

注意："内接于圆"表示绘制的多边形将内接于假想的圆。

（2）绘制外切正多形方法：在命令栏中输入快捷键POL，在命令栏中输入边数，指定正多边形的中心,输入 C,确定,再输入半径长度。

注意:"外切于圆"表示绘制的多边形将外切于假想的圆。

(3)通过指定一条边绘制正多边形的方法:在命令中输入快捷键 POL,在命令栏中输入边数,输入 E,指定正多边线段的起点,指定正多边线段的端点。

6.3　绘制圆、圆弧、圆环、椭圆、椭圆弧对象

任务描述:

在 AutoCAD 2020 中,圆、圆弧、圆环、椭圆和椭圆弧都属于曲线对象,其绘制方法相对线性对象要复杂一些,但方法也比较多。本任务要求学生按规定要求绘制圆、圆弧、圆环、椭圆、椭圆弧。

任务分析:

在实际工程图的绘制中,经常用到"圆""圆弧""圆环""椭圆""椭圆弧"命令来绘制对象,因此,掌握这些命令的使用方法很重要。在练习时,注意观察命令行的信息,正确使用绘辅助图工具,多思考、勤动手才能熟练地使用这些命令。

实施步骤:

一、圆命令(C)

1. 打开方式

(1)命令行:CIRCLE(快捷命令:C)。

(2)菜单栏:选择菜单栏中的"绘图"→"圆"命令。

(3)工具栏:单击"绘图"工具栏中的"圆"按钮 ⊙。

(4)功能区:单击"默认"选项卡"绘图"面板中的"圆"下拉按钮。

2. 绘制圆的方法

(1)通过指定圆心和半径或直径绘制圆的步骤:在命令栏中输入快捷键 C→指定圆心→输入半径或直径。

(2)二点(2P):两点确定一个圆。

(3)三点(3P):通过单击第一点、第二点、第三点确定一个圆。

(4)创建与两个对象相切的圆的步骤:选择 CAD 中"切点"对象捕捉模式,在命令栏中输入快捷键 C→单击 T(切点,切点,半径)→选择与要绘制的圆相切的第一个对象→选择与要绘制的圆相切的第二个对象→输入圆的半径。

(5)选择菜单栏中的"绘图"→"圆"命令,其子菜单中比命令行多了一种"相切,相切,相切"的绘制方法,即相切三个对象可以画一个圆。

在"绘图"菜单中提供了 6 种画圆方法,如图 1-66 所示。

二、圆弧命令(A)

1. 打开方式

(1)命令行:ARC(快捷命令:A)。

(2)菜单栏:选择菜单栏中的"绘图"→"圆弧"命令。

(3)工具栏:单击"绘图"工具栏中的"圆弧"按钮 ⌒。

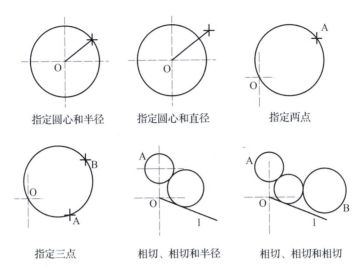

图 1-66　6 种绘制圆的方法

（4）功能区：单击"默认"选项卡"绘图"面板中的"圆弧"下拉按钮。

2. 常用绘制圆弧的几种形式

（1）通过指定三点绘制圆弧：确定弧的起点位置，确定第二点的位置，确定第三点的位置。

（2）通过指定"起点,圆心,端点"绘制圆弧。

（3）通过指定"起点,圆心,角度"绘制圆弧：如果存在可以捕捉到的起点和圆心，并且已知包含角度，使用"起点,圆心,角度"或"圆心,起点,角度"选项。

（4）如果已知两个端点但不能捕捉到圆心，可以使用"起点,端点,角度"方法。

（5）通过指定"起点,圆心,长度"绘制圆弧：如果可以捕捉到起点和圆心，并且已知弦长，可使用"起点,圆心,长度"或"圆心,起点,长度"选项绘制圆弧。

三、圆环命令（DO）

1. 打开方式

（1）命令行：DONUT（快捷命令：DO）。

（2）菜单栏：选择菜单栏中的"绘图"→"圆环"命令。

（3）功能区：单击"默认"选项卡"绘图"面板中的"圆环"按钮 ◎。

2. 命令行选项说明

（1）绘制不等内外径，则画出填充圆环，如图 1-67（a）所示。

（2）若指定内径为 0，则画出实心填充圆，如图 1-67（b）所示。

（3）若指定内外径相等，则画出普通圆，如图 1-67（c）所示。

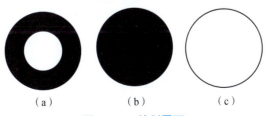

图 1-67　绘制圆环

注意:在绘制圆环时,可能一次绘制无法准确确定圆环外径大小以确定圆环与椭圆的相对大小,可以通过多次绘制的方法找到一个相对合适的外径值。

四、椭圆命令(EL)

1. 打开方式

(1)命令行:ELLIPSE(快捷命令:EL)。

(2)菜单栏:选择菜单栏中的"绘图"→"椭圆"→"圆弧"命令。

(3)工具栏:单击"绘图"工具栏中的"椭圆"按钮 ⊙。

(4)功能区:单击"默认"选项卡"绘图"面板中的"椭圆"下拉按钮。

2. 绘制椭圆的两种方法(图1-68)

(1)中心点:通过指定椭圆中心和一个轴的端点(主轴)以及另一个轴的半轴的长度绘制椭圆。

(2)轴,端点:通过指定一个轴的两个端点(主轴)和另一个轴的半轴的长度绘制椭圆。

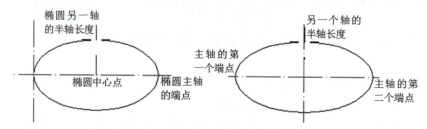

图1-68 两种绘制椭圆的方法

五、椭圆弧命令

打开方式:

(1)命令行:FLLIPSE(快捷命令:FL)。

(2)菜单栏:选择菜单栏中的"绘图"→"椭圆"→"圆弧"命令。

(3)工具栏:单击"绘图"工具栏中的"椭圆"按钮或"椭圆弧"按钮 ⊙。

(4)功能区:单击"默认"选项卡"绘图"面板中的"椭圆"下拉按钮。

椭圆弧绘制方法为按照命令栏提示绘制。

椭圆弧的绘制如图1-69所示。

图1-69 椭圆弧的绘制

知识链接:

一、构造线命令(快捷键为XL)

一般作为辅助线使用,创建的线是无限长的。

1. 打开方式

(1)命令行:XLINE。

（2）菜单栏：选择菜单栏中的"绘图"→"构造线"命令。

（3）工具栏：单击"绘图"工具栏中的"构造线"按钮。

（4）功能区：单击"默认"选项卡"绘图"面板中的"构造线"按钮 ✎ 。

2. 选项说明

（1）在构造线命令行（图1-70）中，H 为水平构造线，V 为垂直构造线，A 为角度（可设定构造线角度，也可参考其他斜线进行角度复制），B 为二等分（等分角度，两直线夹角平分线），O 为偏移（通过 T，可以任意设置距离）。

XLINE 指定点或 [水平(H) 垂直(V) 角度(A) 二等分(B) 偏移(O)]：

图1-70　构造线命令行

（2）这种线用于模拟手工作图中的辅助作图线，用特殊的线型显示，在绘图输出时可不输出，常用于辅助作图。

二、射线 Ray

向一个方向延伸的线。此命令为辅助作图使用。

打开方式：

（1）在"绘图"菜单下单击"射线"命令。

（2）直接在命令中输入快捷键 Ray。

任务七 绘制复杂的二维图形

任务描述：

使用"绘图"菜单中的命令不仅可以绘制点、直线、圆、圆弧和多边形等简单二维图形对象，还可以绘制多线、多段线、修订云线和样条曲线等复杂二维图形对象；本任务要求学生练习绘制复杂的二维图形。

任务分析：

在绘制复杂的二维图形时，用到"多线""多段线""修订云线"和"样条曲线"等绘图命令，因此，要求学生要熟练掌握这些命令的操作步骤，在练习过程中注意命令行的信息，开启相应的辅助绘图工具，以确保精确绘图。

实施步骤：

一、多线命令（快捷键为 ML）

多条平行线称为多线，创建的线是整体，可以保存多段线样式，或者使用默认的两个元素样式，还可以设置每个元素的颜色、线型。

1. 打开方式

(1) 命令行：MLINE。

(2) 菜单栏：选择菜单栏中的"绘图"→"多线"命令。

2. 选项说明

(1) 对正(J)：该项用于给定绘制多线的基准。共有 3 种对正类型："上""无""下"。其中，"上"表示以多线上侧的线为基准，依此类推。

(2) 比例(S)：选择该项，要求用户设置平行线的间距。输入值为 0 时，平行线重合；输入值为负时，多线的排列将倒置。

(3) 样式(ST)：该项用于设置当前使用的多线样式。

3. 定义多线样式

(1) 打开方式。

1) 命令行：MLSTYLE。

2) 菜单栏：选择菜单栏中的"格式"→"多线样式"命令。

(2) 操作步骤：

执行上述命令后，系统弹出如图 1 - 71 所示的"多线样式"对话框。在该对话框中，用户可以对多线样式进行定义、保存和加载等操作。

4. 编辑多线

打开方式如下。

1) 命令行：MLEDIT。

2) 菜单栏：选择菜单栏中的"修改"→"对象→"多线"命令，即可打开图 1 - 72 所示的"多线编辑工具"对话框进行多线编辑。

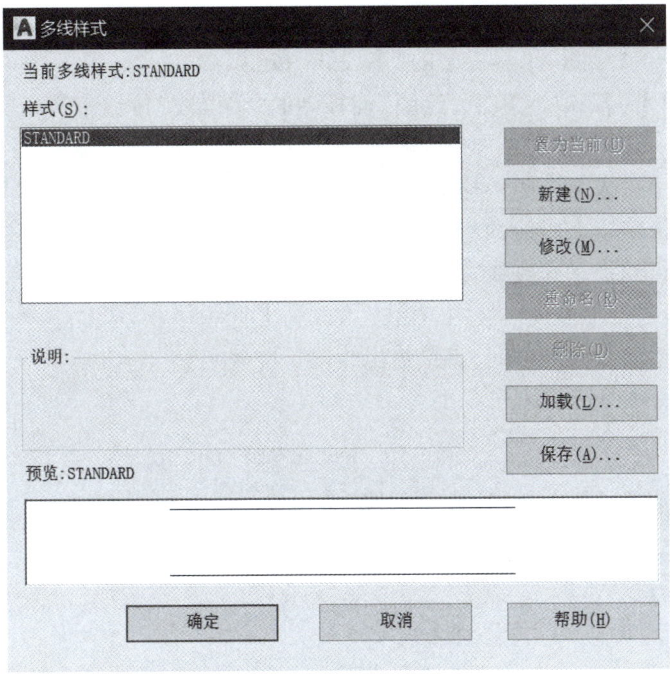

项目一　AutoCAD 2020 基础知识及基本命令练习

图 1-71　"多线样式"对话框

图 1-72　多线编辑工具

二、多段线命令(PL)

多段线命令是作为单个对象创建的相互连接的序列线段,画出来是一个整体,而直线创建的是独立的对象。多段线可以创建直线段、弧线段或两者的组合线段。

1. 打开方式

(1)命令行:PLINE(快捷命令:PL)。

(2)菜单栏:选择菜单栏中的"绘图"→"多段线"命令。

(3)工具栏:单击"绘图"工具栏中的"多段线"按钮;

(4)功能区:单击"默认"选项卡"绘图"面板中的"多段线"按钮。

2. 绘制步骤

(1)在命令行中输入命令的快捷键 PL,确定。

(2)用鼠标左键确定多段线的起点。

(3)根据命令行的提示修改线宽(W)。

选"A 圆弧"可以画出弧线。选"L 直线"可以画出直线。

(4)拖动鼠标给出线段的方向,直接拖出线段长度确定。

三、修订云线命令

1. 打开方式

(1)直接在绘图工具栏上单击"修订云线"按钮。

(2)在"绘图"菜单下单击"修订云线"命令。

2. 创建修订云线的步骤

(1)在"绘图"菜单中,单击"修订云线"。

(2)根据提示,指定新的最大弧长和最小弧长,或者直接指定修订云线的起点。

(3)默认的弧长最小值和最大值设置为 0.5000 个单位,弧长的最大值不能超过最小值的 3 倍。

(4)沿着云线路径移动十字光标,要更改圆弧的大小,可以沿着路径单击拾取点。

(5)可以随时按 Enter 键停止绘制修订云线。

(6)要闭合修订云线,则返回到它的起点。绘制修订闭合云线的结果如图 1-73 所示。

图 1-73 绘制修订闭合云线结果

四、样条曲线命令(SPL)

AutoCAD 使用一种称为"非一致有理 B 样条(NURBS)曲线"的特殊样条曲线类型。NURBS 曲线在控制点之间产生一条光滑的曲线,如图 1-74 所示。样条曲线可用于创建形状不规则的曲线,如为地理信息系统(GIS)应用或汽车设计绘制轮廓线。

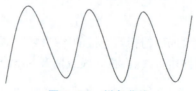

图 1-74 样条曲线

1. 打开方式

(1)命令行:SPLINE。

(2)菜单栏:选择菜单栏中的"绘图"→"样条曲线"命令。

(3)工具栏:单击"绘图"工具栏中的"样条曲线"按钮。

(4)功能区:单击"默认"选项卡"绘图"面板中的"样条曲线拟合"按钮或"样条曲线控制点"按钮。

2. 命令行选项说明

(1)对象(O):将二维或三维的二次或三次样条曲线的拟合多段线,转换为等价的样条曲线,然后(根据系统变量 DelOBJ 的设置)删除该拟合多段线。

(2)起点切向(T):定义样条曲线的第一点和最后一点的切向。

如果在样条曲线的两端都指定切向,可以通过输入一个点或者使用"切点"和"垂足"对象捕捉模式,使样条曲线与已有的对象相切或垂直。如果按 Enter 键,AutoCAD 将计算默认切向。

(3)公差(L):使用新的公差值将样条曲线重新拟合至现有的拟合点。

(4)闭合(C):将最后一点定义为与第一点一致,并使它在连接处与样条曲线相切,这样可以闭合样条曲线。选择该项,系统会继续提示。

用户可以指定一点来定义切向矢量,或者通过使用"切点"和"垂足"对象捕捉模式,使样条曲线与现有对象相切或垂直。

知识链接:

多段线与直线的区别:

(1)多段线有粗细,直线无粗细。

(2)多段线是一个整体图形,而直线每条线都是一个单体。

(3)多段线可以创建直线段、弧线段或两者的组合线段,而直线不能绘制弧线。

任务八 填充图案、创建块、插入块

任务描述：

本任务要求学生学习"填充""创建块""插入块"命令的使用。

任务分析：

在绘制图形时，常常用到"填充""创建块""插入块"等命令，因此要求学生熟练掌握这些命令的操作方法，在练习过程中注意观察命令行的信息，打开绘图辅助工具，设置相应的捕捉点，以便准确绘制图形。

实施步骤：

一、填充命令（H）

可以填充封闭或不封闭的图形。

1. 打开方式

（1）命令行：BHATCH（快捷命令：H）。

（2）菜单栏：选择菜单栏中的"绘图"→"图案填充"命令。

（3）工具栏：单击"绘图"工具栏中的"图案填充"按钮 ▨ 。

（4）功能区：单击"默认"选项卡"绘图"面板中的"图案填充"按钮 ▨ 。

2. 填充选定对象的步骤

（1）执行上述命令后，系统打开如图 1-75 所示的"图案填充创建"选项卡。

图 1-75 "图案填充创建"选项卡

（2）指定要填充的对象，对象不必构成闭合边界，也可以指定任何不应被填充的弧物体。

（3）确定。

填充图案选项如图 1-76 所示。

在"类型和图案"选项组中，可以设置图案填充的类型和图案。

拾取点：是指以鼠标左键单击位置为准，向四周扩散，遇到线形就停，所有显示虚线的图形是填充的区域，一般填充的是封闭的图形。

选择对象：是指鼠标左键击中的图形为填充区域，一般用于不封闭的图形。

在"角度和比例"选项组中，可以设置用户定义类型的图案填充的角度和比例等参数。

注意：比例大小要适当，过大过小都会使填充不上。

在"渐变色"选项卡中，可以选择颜色之间的渐变进行填充，如图 1-77 所示。

项目一　AutoCAD 2020 基础知识及基本命令练习

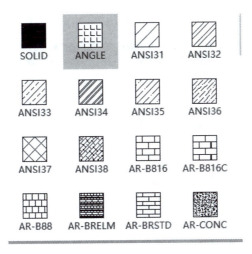

图 1-76　填充图案选项

图 1-77　边界图案填充"渐变色"选项卡

二、图块操作

块也称为图块,是 AutoCAD 图形设计中的一个重要概念。在绘制图形时,如果图形中有大量相同或相似的内容,或者所绘制的图形与已有的图形文件相同,则可以把要重复绘制的图形创建成块,并根据需要为块创建属性,指定块的名称、用途及设计者等信息,在需要时直接插入它们,从而提高绘图效率。

当然,用户也可以把已有的图形文件以参照的形式插入当前图形中(即外部参照),或是通过 AutoCAD 设计中心浏览、查找、预览、使用和管理 AutoCAD 图形、块、外部参照等不同的资源文件。

块是一个或多个对象组成的对象集合,常用于绘制复杂、重复的图形。一旦一组对象组合成块,就可以根据作图需要将这组对象插入图中任意指定位置,而且还可以按不同的比例和旋转角度插入。在 AutoCAD 中,使用块可以提高绘图速度、节省存储空间、便于修改图形。如果需要对组成图块的单个图形对象进行修改,还可以利用"分解"命令把图块分解成若干个对象。图块还可以被重新定义,一旦被重新定义,整个图中基于该块的对象都将随之改变。

1. 创建块命令(B)

创建块是指将所有单图形合并成一个图形,交点只有一个。

打开方式如下。

1)直接在功能区"默认"选项卡上单击"创建块"按钮 。

2)在菜单下单击"绘图"→"创建块"命令。

3)在命令栏中直接输入快捷键 B。

2. 将当前图形定义为块的步骤

1)从菜单中选择"绘图"中的"块"→"创建"。

2）在"块定义"对话框中的"名称"框中输入块名，如图1-78所示。

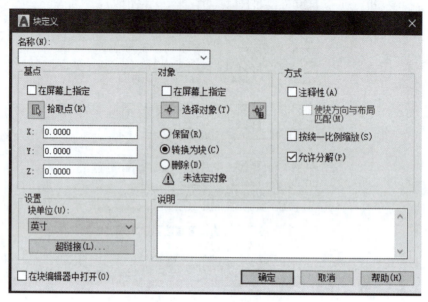

图1-78 "块定义"对话框

3）在"对象"下选择"转换为块"，如果需要在图形中保留用于创建块定义的原对象，请确保未选中"删除"选项，如果选择了该选项，将从图形中删除原对象。

4）选择"选择对象"，确定。

"块定义"对话框中各主要选项的功能如下：

1）"名称"文本框：用于输入块的名称，最多可使用255个字符。

2）"基点"选项区域：用于设置块的插入基点位置。

3）"对象"选项区域：用于设置组成块的对象。

4）"设置"选项组：指定从AutoCAD设计中心拖动图块时，用于测量图块的单位，以及缩放、分解和超链接等设置。

5）"在块编辑器中打开"复选框：选中此复选框，可以在块编辑器中定义动态块。

6）"方式"选项组：指定块的行为。"注释性"复选框用于指定在图纸空间中，块参照的方向与布局方向是否匹配；"按统一比例缩放"复选框用于指定是否允许块参照按统一比例缩放；"允许分解"复选框用于指定块参照是否可以被分解。

7）"说明"文本框：用于输入当前块的说明部分。

3. 图块的存盘

利用"BLOCK"命令定义的图块保存在其所属的图形当中，该图块只能在该图形中插入，而不能插入其他的图形中。但是有些图块在许多图形中要经常被用到，这时可以用"WBLOCK"命令将图块以图形文件的形式（后缀为.dwg）写入磁盘。图形文件可以在任意图形中使用"INSERT"命令插入。

(1) 打开方式。

1）命令行：WBLOCK（快捷命令：W）。

2）功能区：单击"插入"选项卡"块定义"面板中的"写块"按钮。

项目一　AutoCAD 2020 基础知识及基本命令练习

(2) 操作步骤。

单击"插入"选项卡"块定义"面板中的"写块"按钮,打开"写块"对话框,如图 1-79 所示。

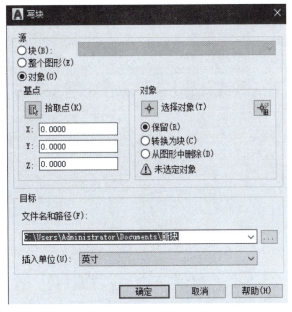

图 1-79　"写块"对话框

(3) 命令行选项说明。

1) "源"选项组:确定要保存为图形文件的图块或图形对象。选中"块"单选按钮,单击右侧的下拉列表框,在其展开的列表中选择一个图块,将其保存为图形文件;选中"整个图形"单选按钮,则把当前的整个图形保存为图形文件;选中"对象"单选按钮,则把不属于图块的图形对象保存为图形文件。对象的选择通过"对象"选项组来完成。

2) "基点"选项组:用于选择图形。

3) "目标"选项组:用于指定图形文件的名称、保存路径和插入单位。

4. 插入块命令(I)

此命令可以在图形中插入块或其他图形,在插入的同时,还可以改变所插入块或图形的比例与旋转角度。

(1) 打开方式。

1) 功能区:单击"默认"选项卡"块"面板中的"插入"下拉菜单,或单击"插入"选项卡"块"面板中的"插入"下拉菜单,如图 1-80 所示。

2) 在命令栏中直接输入快捷键为 I。

(2) 操作步骤。

执行上述操作后,即可单击并放置所显示功能区库中的块,该库显示当前图形中的所有块定义。单击并放置这些块,选择其他两个选项("最近使用的块""其他图形中的块"),会将"块"选项板打开到相应选项卡,如图 1-81 所示,从选项卡中可以指定要插入的图块及插入位置。

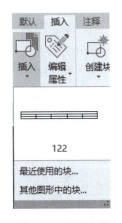

图 1-80　"插入"下拉菜单

51

(3)命令行选项说明。

1)"当前图形"选项卡:显示当前图形中可用块定义的预览或列表。

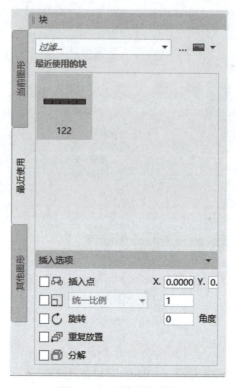

图1-81 "块"选项板

2)"最近使用"选项卡:显示当前和上一个任务中最近插入或创建的块、定义的预览或列表,这些块可能来自各种图形。

注意:可以删除"最近使用"选项卡中显示的块(方法是在其上单击鼠标右键,并选择"从最近列表中删除"选项)。若要删除"最近使用"选项卡中显示的所有块,请将系统变量BLOCKMRULIST 设置为 0。

3)"其他图形"选项卡:显示单个指定图形中块定义的预览或列表,将图形文件作为块插入当前图形中,单击选项板顶部的"…"按钮,以浏览其他图形文件。

4)"插入选项"下拉列表。

"插入点"复选框:指定插入点。插入图块时,该点与图块的基点重合。可以在右侧的文本框中输入坐标值。

"缩放比例"选项区域:用于设置块的插入比例。可不等比例缩放图形,在 X、Y、Z 三个方向进行缩放。

"旋转"选项区域:用于设置块插入时的旋转角度。

"重复放置"复选框:控制是否自动重复块插入操作。如果选中该选项,系统将自动提示其他插入点,直到按 Esc 键取消命令。如果取消选中该复选框,只能输入指定块一次。

"分解"复选框:选中此复选框,则在插入块的同时将其分解,插入图形中的组成块对象不再是一个整体,可对每个对象单独进行编辑操作。

知识链接：

1. 面域命令

面域命令用于将包含三维对象的图形进行面域。使用线或由独立线构成的图形不能拉伸成三维对象，必须转换为面域才可位伸。

2. 测量工具（DI）

如果想知道物体的长度，在命令栏中输入快捷键 DI，确定（回车键、空格键或右键），用鼠标依次单击需要测量的线的端点即可。

任务九　使用修改命令编辑对象

9.1　删除、复制、镜像、偏移对象

任务描述：

在 AutoCAD 2020 中，可以用"删除"命令删除选中的对象，还可以使用"复制""镜像""偏移"命令复制对象，创建与原对象相同或相似的图形。本任务要求学生熟练掌握"删除""复制""镜像""偏移"四个修改命令的使用方法。

任务分析：

中文版 AutoCAD 2020 的"修改"菜单中包含了大部分编辑命令，通过选择该菜单中的命令或子命令，可以帮助用户合理地构造和组织图形，保证绘图的准确性，简化绘图操作。本任务主要要求学生使用"删除""复制""镜像""偏移"命令修改对象。在编辑过程中，注意观察命令栏对话窗口的信息，开启对象捕捉功能，并设置相应的捕捉点，确保准确作图。

实施步骤：

一、选择对象

AutoCAD 2020 提供以下几种方法选择对象：

(1)先选择一个编辑命令，然后选择对象，按 Enter 键结束操作。

(2)使用"SELECT"命令。在命令行中输入"SELECT"，然后根据选择选项后的提示选择对象，按 Enter 键结束。

(3)用点选选择对象，然后调用编辑命令。

(4)定义对象组。

无论使用哪种方法，AutoCAD 2020 都将提示用户选择对象，并且光标的形状由十字光标变为拾取框，下面结合"SELECT"命令说明选择对象的方法。

部分选项含义如下：

(1)窗口(W)：用由两个对角顶点确定的矩形窗口选取位于其范围内部的所有图形，与边界相交的对象不会被选中。指定对角顶点时，应该按照从左向右的顺序，如图 1-82 所示。

(2)窗交(C)：该方式与上述"窗口"方式类似，区别在于"窗交"方式不但选择矩形窗口内部的对象，也选中与矩形窗口边界相交的对象，选择的对象如图 1-83 所示。

(3)框(BOX)：使用时，系统根据用户在屏幕上给出的两个对角点的位置，自动引用"窗口"或"窗交"选择方式。若从左向右指定对角点，为"窗口"方式；反之，为"窗交"方式。

(4)栏选(F)：用户临时绘制一些直线，这些直线不构成封闭图形，凡是与这些直线相交的对象均被选中，执行结果如图 1-84 所示。

(5)圈围(WP)：使用一个不规则的多边形来选择对象，根据提示，用户依次输入构成多边形所有顶点的坐标，直到最后按 Enter 键结束操作，系统将自动连接第一个顶点与最后一个顶点形成封闭的多边形。凡是被多边形围住的对象均被选中(不包括边界)，执行结果如图 1-85 所示。

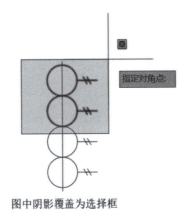

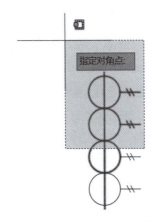

图 1-82 "窗口"选择方式　　　　　图 1-83 "窗交"选择方式

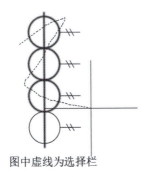

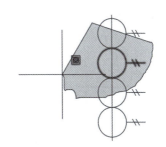

图 1-84 "栏选"选择方式　　　　　图 1-85 "圈围"选择方式

二、删除命令(E)

在绘图时,如果所绘制的图形不符合要求或绘错图形,则可以使用"删除"(ERASE)命令将其删除。

1. 删除对象的方法

(1)在功能区单击"默认"选项卡"修改"面板中的"删除"按钮 , 选择对象并确定即可删除物体。

(2)从修改工具栏中选择删除工具 ,选择对象并确定即可删除物体。

(3)选中对象之后,按键盘上的 Delete 键也可将物体删除。

(4)在命令栏中直接输入"删除"快捷键 E(不分大小写),选择想要删除的物体并确定即可。

(5)在"修改"菜单下单击"删除"命令,选择想要删除的物体确定即可。

2. 注意

(1)删除对象时,可以先选择对象,然后调用"删除"命令;也可以先调用"删除"命令,再选择对象。选择对象时,可以使用前面介绍的各种选择对象的方法。当选择多个对象时,多个对象都被删除;若选择的对象属于某个对象组,则该对象组的所有对象均被删除。

(2)在绘图过程中,如果需要删除对象,可以单击标准工具栏中的按钮 , 也可以按 Delete 键,提示"_erase:",单击要删除的图形即可。"删除"命令可以一次删除一个或多个图形,如果删除错误,可以单击 按钮恢复,也可以使用"恢复"(OOPS)命令恢复误删的对象。

三、复制命令(CO)

在绘图时,常常需要复制一个或者多个对象,则使用"复制"(COPY)命令即可完成。

1. 复制对象的步骤

(1)在命令栏中输入快捷键"CO"或在"修改"工具栏中选择"复制"按钮 ,也可以在功能区单击"默认"选项卡"修改"面板中的"复制"按钮 。

(2)选择要复制的对象。

(3)指定基点和指定位移的第二点,复制结果如图 1-86 所示。

2. 多次复制对象的步骤

(1)从命令栏中输入复制命令。

(2)选择要复制的对象。

(3)输入 M(多个)。

(4)指定基点和指定位移的第二点。

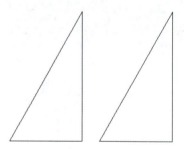

图 1-86　复制三角形

(5)指定下一个位移点,继续插入,或确定结束命令。

四、镜像对象命令(MI)

镜像对象是指把选择的对象围绕一条镜像线进行对称复制。镜像操作完成后,可以保留源对象,也可以将其删除。

1. 镜像对象的步骤

(1)从命令栏中输入快捷键 MI,或在"修改"工具栏中单击"镜像"按钮 ,也可以在功能区单击"默认"选项卡"修改"面板中的"镜像"按钮 。

(2)选择要镜像的对象。

(3)指定镜像直线的第一点和第二点(对称中心轴上的点)。

(4)按确定键保留对象,或者按 Y 键将其删除。

镜像结果如图 1-87 所示。

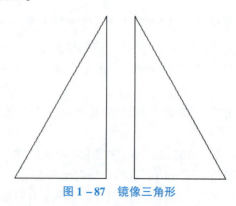

图 1-87　镜像三角形

五、偏移命令(O)

在实际应用中,常利用偏移命令创建平行线或等距离分布图形。块物体不能使用偏移命令。偏移命令在使用中,鼠标拖动的方向就是偏移的方向。

1. 指定距离偏移对象的步骤

(1)从"修改"菜单中选择"偏移",或输入快捷键为O,也可以在功能区单击"默认"选项卡"修改"面板中的"偏移"按钮 。

(2)指定偏移距离,可输入具体数值。

(3)选择要偏移的对象。

(4)指定要放置新对象的哪一侧上的一点。

(5)选择另一个要偏移的对象,重复步骤(3)和(4),或按 Enter 键结束命令。

2. 使偏移对象通过一个点的步骤

(1)从"修改"菜单中选择"偏移"或输入快捷键O,也可以在功能区单击"默认"选项卡"修改"面板中的"偏移"按钮 。

(2)输入 T(通过点)。

(3)选择要偏移的对象。

(4)指定(选择)通过点。

(5)选择另一个要偏移的对象或按 Enter 键结束命令。

3. 命令行选项说明

(1)指定偏移距离:输入一个距离值,或按 Enter 键,使用当前的距离值,系统把该距离作为偏移距离。

(2)通过(T):指定偏移对象的通过点。

(3)删除(E):偏移后,将源对象删除。

(4)图层(L):确定将偏移对象创建在当前图层上还是源对象所在的图层上。

9.2 阵列、移动、旋转、缩放、拉伸、拉长对象

任务描述:

AutoCAD 2020 的"修改"菜单中包含了大部分编辑命令,通过选择该菜单中的命令或子命令,可以帮助用户合理地构造和组织图形,保证绘图的准确性,简化绘图操作。通过本任务的练习,学生应掌握利用"阵列""移动""旋转""缩放""拉伸""拉长"等命令编辑对象的方法。

任务分析:

在 AutoCAD 2020 中,不仅可以使用夹点来移动、旋转、对齐对象,还可以通过"修改"菜单中的相关命令来实现。通过本次练习,学生应掌握利用"阵列""移动""旋转""缩放""拉伸""拉长"对象等命令编辑对象的方法,以及综合运用多种图形编辑命令来绘制图形。此外,在练习过程中,注意观察命令栏对话窗口的信息,开启对象捕捉功能,并设置相应的捕捉点,确保准确作图。

实施步骤：

一、阵列命令(AR)

阵列是指多重复制选择对象并把这些副本按矩形或环形排列。把副本按矩形排列称为建立矩形阵列，把副本按环形排列称为环形阵列。建立矩形阵列时，应该控制行和列的数量及对象副本之间的距离；建立环形阵列时，应该控制复制对象的次数和对象是否被旋转。

用阵列命令可以建立矩形阵列、环形阵列和旋转的矩形阵列。

1. 打开方式

(1)命令行：ARRAY。

(2)菜单栏：选择菜单栏中的"修改"→"阵列"命令。

(3)工具栏：单击"修改"工具栏中的"矩形阵列"按钮、"路径阵列"按钮、"环形阵列"按钮。

(4)功能区：单击"默认"选项卡"修改"面板中的"矩形阵列"按钮、"路径阵列"按钮、"环形阵列"按钮，如图 1-88 所示。

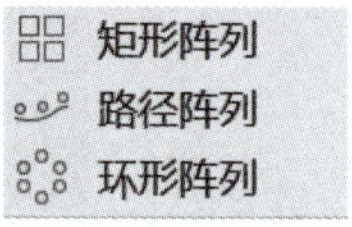

图 1-88 "修改"面板

2. 命令行选项说明

(1)矩形(R)(命令为 ARRAYRECT)：将选定对象的副本分布到行数、列数和层数的任意组合。通过夹点调整阵列间距、列数、行数和层数，也可以分别选择各选项输入数值。

(2)路径(PA)(命令为 ARRAYPATH)：沿路径或部分路径均匀分布选定对象的副本。

(3)环形(PO)：在绕中心点或旋转轴的环形阵列中均匀分布对象副本。

二、移动命令(M)

移动命令的功能是按照指定要求移动当前图形或图形某部分的位置。

移动对象的步骤如下：

(1)从"修改"菜单中选择"移动"或输入快捷键 M，也可以在功能区单击"默认"选项卡"修改"面板中的"移动"按钮。

(2)选择要移动的对象。

(3)指定移动基点。

(4)指定第二点，即位移点，将选定的对象移动到由第一点和第二点之间的方向和距离确定的新位置。

三、旋转命令(RO)

旋转命令的功能是按照指定要求旋转当前图形或图形某部分的位置。

1. 旋转对象的步骤

(1)从"修改"菜单中选择"旋转"或输入快捷键 RO，也可以在功能区单击"默认"选项卡"修改"面板中的"旋转"按钮。

(2)选择要旋转的对象。

(3)指定旋转基点。

(4)输入旋转角度,单击"确定"按钮,如图1-89所示。

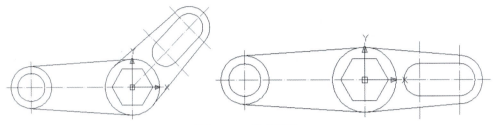

图1-89 旋转零件

2. 命令栏选项说明

复制(C):选择该项,旋转对象的同时,保留原来的对象。

四、缩放命令(SC)

缩放命令的功能是按照指定要求缩放当前图形或图形某部分的位置。

1. 缩放对象的步骤

(1)从"修改"菜单中选择"缩放"或输入快捷键SC,也可以在功能区单击"默认"选项卡"修改"面板中的"缩放"按钮 。

(2)选择要缩放的对象。

(3)指定缩放基点。

(4)输入缩放的比例因子,确定即可,如图1-90所示。

注:基点一般选择线段的端点或角的顶点。

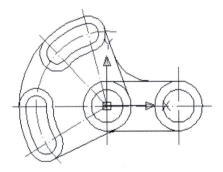 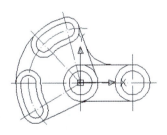

图1-90 缩小零件

2. 命令行选项说明

(1)指定比例因子:选择对象并指定基点后,从基点到当前光标位置会出现一条线段,线段的长度即为比例大小。鼠标选择的对象会动态地随着该连线长度的变化而缩放,按Enter键,确认缩放操作。

(2)复制(C):选择该选项时,可以复制缩放对象,即缩放对象时,保留源对象。

五、拉伸命令(S)

拉伸命令用来把对象的单个边进行缩放。拉伸只能框住对象的一半进行拉伸,如果全选,则只是对物体进行移动,毫无意义。

拉伸对象的步骤如下。

(1)在命令栏中输入快捷键 S,或者在功能区中单击"默认"选项卡"修改"面板中的"拉伸"按钮 ,并确定。

(2)反选非块形状,可执行"拉伸"命令。

(3)从命令行内直接输入拉伸距离。

拉伸零件如图 1-91 所示。

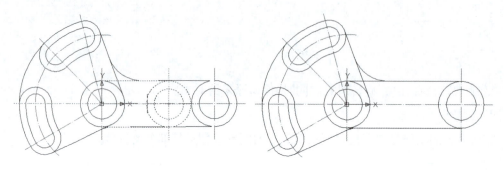

图 1-91　拉伸零件

注意:用窗口的方式选择拉伸对象时,落在交叉窗口内的端点被拉伸,落在外部的端点则保持不动。

六、拉长(LE)

1. 打开方式

(1)命令行:LENGTHEN。

(2)菜单栏:选择菜单栏中的"修改"→"拉长"命令。

(3)功能区:单击"默认"选项卡"修改"面板中的"拉长"按钮 。

2. 命令行选项说明

(1)增量(DE):用指定增加量的方法改变对象的长度或角度。

(2)百分比(P):用指定要修改对象的长度占总长度的百分比的方法,改变圆弧或直线段的长度。

(3)总计(T):用指定新的总长度或总角度值的方法,改变对象的长度或角度。

(4)动态(DY):在这种模式下,可以使用拖拉鼠标的方法动态地改变对象的长度或角度。

9.3　修剪、延伸、打断于点、打断对象

任务描述:

AutoCAD 2020 的"修改"菜单中包含了大部分编辑命令,通过选择该菜单中的命令或子命令,可以帮助用户合理地构造和组织图形,保证绘图的准确性,简化绘图操作。通过本任务的练习,学生应掌握用"修剪""延伸""打断于点""打断"等命令编辑对象的方法。

任务分析：

通过本次练习,学生应掌握利用"修剪""延伸""打断于点""打断"对象等命令编辑对象的方法,以及综合运用多种图形编辑命令来绘制图形。此外,在练习过程中,注意观察命令行对话窗口的信息,开启对象捕捉功能,并设置相应的捕捉点,确保作图准确。

实施步骤：

一、修剪命令(TR)

1. 修剪对象的步骤

(1)在命令中输入快捷键 TR 或者单击修改工具栏中的"修剪"按钮 ✂,或者在功能区中单击"默认"选项卡"修改"面板中的"修剪"按钮 ✂。

(2)选择作为剪切边的对象,可选择任意对象作为可能的剪切边,按回车键确定即可。

(3)选择要修剪的对象。

在 AutoCAD 中,当要修剪的对象使用同一条剪切边时,可使用"F"选项一次性修剪多个对象。

2. 命令行选项说明

(1)在选择对象时,如果按住 Shift 键,系统自动将"修剪"命令转换成"延伸"命令。"延伸"命令将在后面介绍。

(2)边(E):选择该选项时,可以选择对象的修剪方式,即延伸或不延伸。

①延伸(E):延伸边界进行修剪。在该方式下,如果剪切边没有与要修剪的对象相交,系统会延伸剪切边直至与要修剪的对象相交,然后再修剪,如图 1-92 所示。

图 1-92 用"延伸"方式修剪对象

②不延伸(N):不延伸边界修剪对象,只修剪与剪切边相交的对象。

(3)栏选(F):选择该选项时,系统以栏选的方式选择被修剪对象。

(4)窗交(C):选择该选项时,系统以窗交的方式选择被修剪对象。

二、延伸(EX)

延伸对象是指将对象延伸至另一个对象的边界线。

延伸对象的步骤如下:

(1)在命令栏中输入快捷键 EX 或单击"修改"工具栏中的"延伸"按钮 →。

(2)选择作为边界的对象,可选择任意对象作为可能的边界边,按回车键即可。

(3)选择要延伸的对象。

例如,延伸图 1-93(a)所示的弧 *AB*,使其与辅助线 *OC* 相交,延伸结果如图 1-93(b)所示。

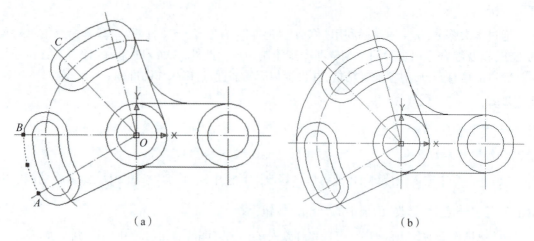

图 1-93 延伸零件

注意:选择对象时,如果按住 Shift 键,系统自动将"延伸"命令转换成"修剪"命令。

三、打断命令(BR)

打断对象的步骤:

(1)从命令栏中输入打断的快捷键 BR 或单击"修改"工具栏中的"打断"按钮 ,或者在功能区单击"默认"选项卡"修改"面板中的"打断"按钮 。

(2)用鼠标单击第一个点,再单击第二个打断点,或者先选择要打断的对象,再按 F 键确定,然后指定第一个打断点和第二个打断点。

在图 1-94 中,使用打断命令时,单击点 A 和 B 与单击点 B 和 A 产生的效果是不同的。

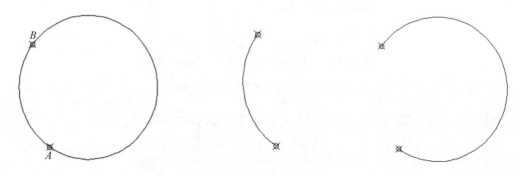

图 1-94 打断圆于两点

四、打断于点命令

打断于点命令的使用说明:

画一个闭合物体,从"修改"工具栏中单击"打断于点"命令,根据命令栏中提示,可把一个连在一起的物体打断,但现在看不出效果,在"移动"命令下的"移动物体"选项可以看出变化。

在图 1-95 中,要从点 C 处打断圆弧,可以用"打断于点"命令,并选择圆弧,然后单击点 C 即可。

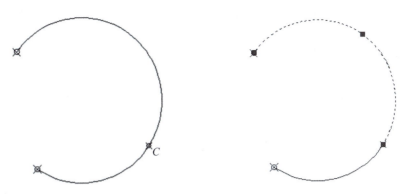

图 1-95　打断圆弧于点

9.4　倒角、圆角、分解、合并对象

任务描述：

AutoCAD 2020 的"修改"菜单中包含了大部分编辑命令,通过选择该菜单中的命令或子命令,可以帮助用户合理地构造和组织图形,保证绘图的准确性,简化绘图操作。通过本任务的练习,学生应掌握用"倒角""圆角""分解""合并"等命令编辑对象的方法。

任务分析：

在 AutoCAD 2020 中,可以通过"修改"菜单中的相关命令来实现倒角、圆角、分解和合并对象。通过本次练习,学生应能掌握"倒角""圆角""分解""合并"命令的使用,以及综合运用多种图形编辑命令来绘制图形。此外,在练习过程中,注意观察命令行对话窗口的信息,开启对象捕捉功能,并设置相应的捕捉点,确保作图准确。

实施步骤：

一、倒角命令(CHA)

倒角是指用斜线连接两个不平行的对象,可以用斜线连接直线段、双向无限长线、射线和多段线等。

1. 设置倒角的步骤

(1)从命令栏中输入快捷键 CHA 或单击"修改"工具栏中的"倒角"按钮,也可以在功能区单击"默认"选项卡"修改"面板中的"倒角"按钮。

(2)输入 D(距离),输入第一个倒角距离(直角边长)和第二个倒角距离(直角边长)。

(3)选择倒角直线。

注意:修倒角时,倒角距离或倒角角度不能太大,否则无效。当两个倒角距离均为 0 时,此命令将延伸两条直线使之相交,不产生倒角,此外,如果两条直线平行、发散等,则不能修倒角。

图 1-96 所示为轴平面图修倒角前后的效果。

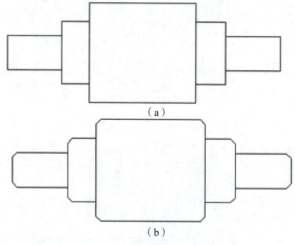

图 1-96 轴平面图倒角

2. 图 1-97 所示倒角命令行中各选项含义

 CHAMFER 选择第一条直线或 [放弃(U) 多段线(P) 距离(D) 角度(A) 修剪(T) 方式(E) 多个(M)]:

图 1-97 倒角命令行

(1)"多段线(P)":可以当前设置的倒角大小对多段线的各顶点(交角)修倒角。

(2)"距离(D)":设置倒角距离尺寸,斜线距离如图 1-98 所示。

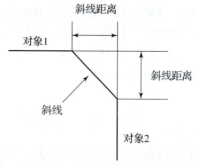

图 1-98 斜线距离

(3)"角度(A)":可以根据第一个倒角距离和角度来设置倒角尺寸,如图 1-99 所示。

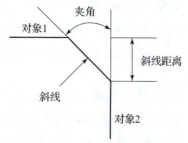

图 1-99 斜线距离与夹角

(4)"修剪(T)":设置倒角后是否保留原拐角边,如图 1-100 所示。

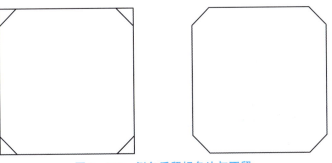

图 1-100　倒角后留拐角边与不留

(5)"多个(U)":可以对多个对象绘制倒角。

二、圆角命令(F)

圆角是指用指定的半径决定的一段平滑的圆弧连接两个对象。系统规定可以圆角连接一对直线段、非圆弧的多段线、样条曲线、双向无限长线、射线、圆、圆弧和椭圆,可以在任何时刻以圆角连接非圆弧多段线的每个节点。

1. 设置圆角的步骤

(1)从"修改"菜单中选择"圆角"或输入快捷键 F,也可以在功能区单击"默认"选项卡"修改"面板中的"圆角"按钮 。

(2)选择"半径",输入圆角半径。

(3)选择要设置圆角的对象。

图 1-101 所示为矩形右下角修圆角的效果图。

图 1-101　矩形倒圆角

2. 命令行选项说明

(1)多段线(P):在二维多段线的两段直线段的节点处插入圆滑的弧。选择多段线后,系统会根据指定圆弧的半径将多段线各顶点用圆滑的弧连接起来。

(2)修剪(T):在以圆角连接两条边时,确定是否修剪这两条边,如图 1-102 所示。

修剪　　　　　　不修剪

图 1-102　圆角连接

(3)多个(M):可以同时对多个对象进行圆角编辑,而不必重新执行命令。

(4)按住 Shift 键选择要应用角点的对象:按住 Shift 键并选择两条直线,可以快速创建零距离倒角或零半径圆角。

三、分解命令(X)

分解对象的步骤：

(1)从"修改"菜单中选择"分解"或输入快捷键 X,也可以在功能区单击"默认"选项卡"修改"面板中的"分解"按钮  。

(2)选择要分解的对象。对于大多数对象,分解的效果并不是看得见的。分解命令只是针对块物体,文字不能使用分解命令。

四、合并对象(JOIN)

合并操作可以将直线、圆、椭圆弧和样条曲线等独立的线段合并为一个对象。如果需要连接某一连续图形上的两个部分,或者将某段圆弧闭合为整圆,选择"修改"→"合并"命令,或者在命令行输入 JOIN 命令,选择要合并的对象并确定,如图 1-103 所示。

图 1-103 合并对象

知识链接：

在对图形进行编辑时,还可以对图形对象本身的某些特性进行编辑,从而方便地进行图形绘制。

1. 夹点编辑

单击对象,在图形上拾取一个夹点,改变该夹点颜色,此点为夹点编辑的基准夹点。也可在选中变色编辑基准点后直接向一侧拉伸,如图 1-104 所示。如要转换其他操作,可右击,在弹出的快捷菜单中进行选择,如图 1-105 所示。

选择菜单中的"镜像"命令后,系统会转换为"镜像"操作,其他操作类似。

图 1-104 夹点拉伸

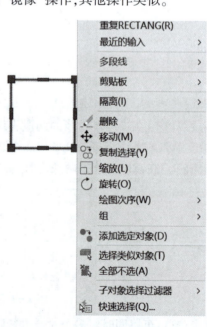

图 1-105 快捷菜单

2."特性"面板编辑

单击选择某对象,右击,在弹出的快捷菜单中选择"特性",打开"特性"面板,如图1-106所示。利用该面板可以方便地设置或修改对象的各种属性。不同的对象,其属性种类和值不同,修改属性值后,对象改变为新的属性。

图1-106 "特性"面板

项目二　车间动力和控制电路图的绘制

- **知识目标：**
  熟悉三相交流电动机运行控制电路图、车间动力配电系统图、车床电路图及 PLC 控制电路图的构成，为电气识图和电气绘图打下基础，并了解电气图的绘图方法和绘图步骤。
- **技能目标：**
  通过对三相交流电动机控制电路图、车间动力配电系统图、车床电路图及 PLC 控制电路图的绘图训练，学生学会绘制上述图形，并初步掌握绘图简单电气图的步骤。

任务一　绘制电动机运行控制电路图

任务描述：

三相交流电动机运行控制电路包括主电路和控制电路两个部分。图 2-1 所示是主电路部分，这是典型的电动机运行主电路接法。用 A4 图纸绘制如图 2-1 所示电动机运行的主电路原理图。

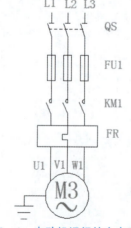

图 2-1　电动机运行的主电路图

任务分析:

电路图由刀开关、熔断器、交流接触器、热继电器、电动机、接地符号以及相应的说明文字组成。绘制过程中,要利用好"正交"模式绘制水平和垂直的线段,开启"对象捕捉"功能,并设置相应的捕捉点,确保精确绘图,使得连接点能连接良好。此外,必须遵守电气工程制图相关标准的相关规定,确保图样的规范性。

实施步骤:

1. 设置绘图环境

(1)选择下拉菜单"文件(F)"→"新建(N)"命令。

(2)选择下拉菜单"文件(F)"→"另存为(A)"命令,系统弹出"图形另存为"对话框,在"文件名"文本框中输入"电动机运行的主电路图.dwg",如图2-2所示。

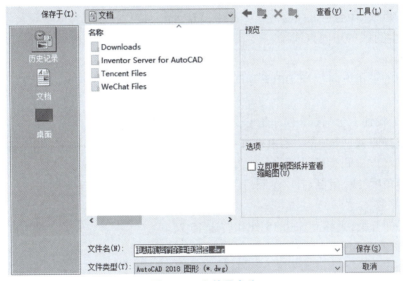

图2-2 文件另存为

(3)根据绘图需要,新建"实线层""虚线层""文字层"3个图层,如图2-3所示。

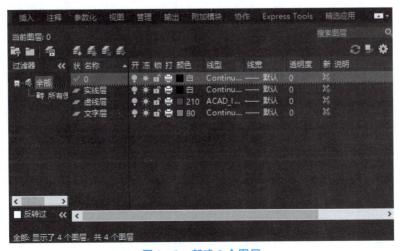

图2-3 新建3个图层

2. 绘制刀开关

绘图过程如图 2-4 所示。

图 2-4 绘制刀开关

(1) 绘制中间三段连接竖直线, 长分别为 20。

命令:_line 指定第一点:(选择从矩形上边沿中点开始画线)。

指定下一点或[放弃(U)]:@0,20。

指定下一点或[放弃(U)]:@0,20。

指定下一点或[闭合(C)/放弃(U)]:@0,20。

(2) 旋转竖直线的中间直线段。

命令:_rotate。

UCS 当前的正角方向:ANGDIR=逆时针 ANGBASE=0(直接回车,表示选择默认的逆时针方向)。

选择对象:找到 1 个(选择中间直线段)。

选择对象:(直接回车,表示结束选择)。

指定基点:(以中间直线段下端点作为旋转基点)。

指定旋转角度,或[复制(C)/参照(R)]<0>:30(旋转 30°)。

(3) 复制平移。

复制中间的开关,平移到左边 15 处和右边 15 处。

(4) 画虚线段(Shift+右键找中点)。

3. 绘制熔断器

用"矩形"命令画一个长方形,然后利用"移动"命令把长方形移动到直线上,把移动的基点设置在矩形横线的中点上,并开启"对象捕捉"功能,确保移动后两边对称。用"复制"命令复制两个矩形到相应位置,同样,复制时要把基点选在矩形横线的中点。绘图过程如图 2-5 所示。

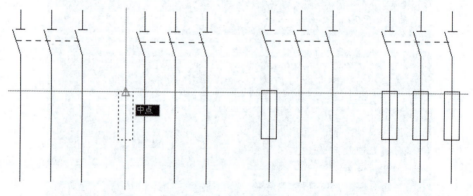

图 2-5 绘制熔断器

4. 绘制交流接触器

可以直接复制刀开关的斜线部分,作为交流接触器主触点的斜线。绘制的难点是画触点的半圆弧,最简单的方法是利用"圆弧"命令,用鼠标单击3个点确定一个圆弧,第一个点是线段的端点,第二个点是空白处,第三个点在线段上,用来确定圆弧长度,关键点是要使用"对象捕捉"功能,开启捕捉"最近点"功能,否则,最后一个点无法点到你想点的地方。绘制完一个圆弧后,用"复制"命令完成另外两个。绘图过程如图2-6所示。

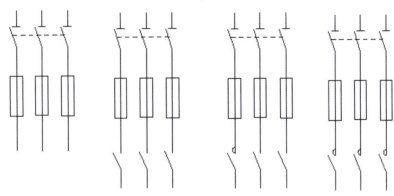

图2-6 绘制交流接触器

5. 绘制热继电器(图2-7)

(1)绘制一个矩形(长50、宽20)。

命令:_rectang。

指定第一个角点或[倒角(C)/标高(E)/圆角(F)/厚度(T)/宽度(W)]:75,200(矩形左上端点)。

指定另一个角点或[面积(A)/尺寸(D)/旋转(R)]:125,180(矩形右下端点)。

(2)绘制热继电器发热元件。

命令:_line 指定第一点:从矩形上边沿中点开始画线。

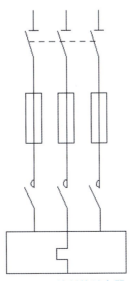

图2-7 绘制热继电器

指定下一点或[放弃(U)]:@0,-5。
指定下一点或[放弃(U)]:@-10,0。
指定下一点或[闭合(C)/放弃(U)]:@0,-10。
指定下一点或[闭合(C)/放弃(U)]:@10,0。
指定下一点或[闭合(C)/放弃(U)]:@0,-5。
指定下一点:矩形下边的中点。

6. 绘制三相交流电动机(图2-8)

(1)绘制一个整圆。

"绘图"工具栏中的"圆"按钮。

命令:_circle 指定圆的圆心或[三点(3P)/两点(2P)/相切、相切、半径(T)]:100,100。

指定圆的半径或[直径(D)]:20。

(2)利用"修剪"命令把圆圈里面的直线修剪掉。

(3)单击"绘图"工具栏中的"文字"按钮,在合适位置输入多行文字"M3",其中文字字体选为"仿宋_GB2312",大小为10号字,并居中对齐。

(4)绘制交流符号。

利用"绘图"工具栏中的"样条曲线"工具进行绘制。

命令:SPLINE。

指定第一个点或[对象(O)]:90,90。

指定下一点:95,95。

指定下一点或[闭合(C)/拟合公差(F)]<起点切向>:100,90。

指定下一点或[闭合(C)/拟合公差(F)]<起点切向>:105,85。

指定下一点或[闭合(C)/拟合公差(F)]<起点切向>:110,90。

指定下一点或[闭合(C)/拟合公差(F)]<起点切向>:(直接按 Enter 键,表示拟合点已经输入完)。

指定起点切向:(鼠标选择起点切线方向)。

指定端点切向:(鼠标选择终点切线方向)。

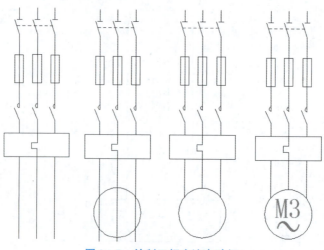

图2-8 绘制三相交流电动机

交流符号也可采用"多行文字"输入一个类似的符号,如图2-9和图2-10所示。

图2-9 输入符号方法

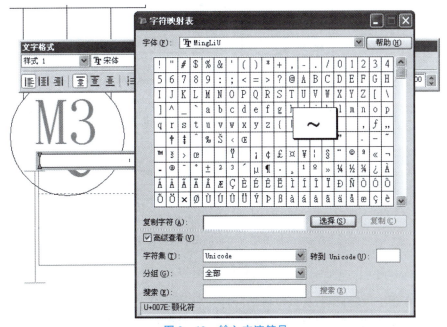

图2-10 输入交流符号

7. 绘制接地符号

如图2-11所示,先用"直线"和"偏移"命令画出3条等距平行线,然后画3条辅助线,用"修剪"命令剪掉超出辅助线的线段,删掉辅助线,这样就得到一个完整的接地符号了。

8. 输入说明文字

利用"多行文字"输入相应的设备文字符号,如图 2-11 所示。

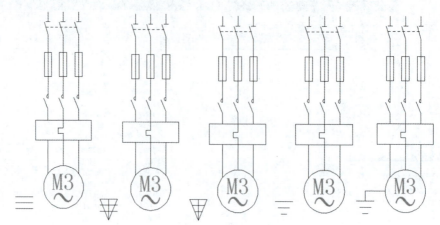

图 2-11　绘制接地符号

知识链接：

一、三相交流电动机正反转控制电路图(图 2-12)

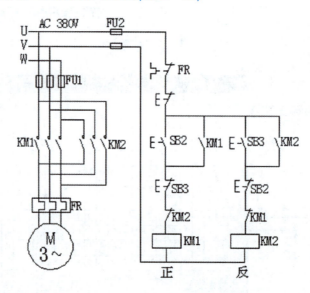

图 2-12　三相交流电动机正反转控制电路图

二、电气原理分析

电动机要实现正反转控制,将其电源的相序中任意两相对调即可(换相),通常是 V 相不变,将 U 相与 W 相对调。为了保证两个接触器动作时能够可靠调换电动机的相序,接线时应使接触器的上口接线保持一致,在接触器的下口调相。由于将两相相序对调,故须确保两个 KM 线圈不能同时得电,否则会发生严重的相间短路故障,因此必须采取联锁措施。为安全起见,常采用按钮联锁(机械)与接触器联锁(电气)的双重联锁正反转控制线路。按钮联锁,即使同时按下正反转按钮,调相用的两接触器也不可能同时得电,机械上避免了相间短路。另外，由于应用了接触器联锁，所以只要其中一个接触器得电，其长闭触点就不会闭合，这样在机械、电气双重联锁的应用下，电动机的供电系统不可能相间短路，有效地保护了电动机。同时，也避免在调相时相间短路而造成事故，烧坏接触器。

图2-12中，主回路采用两个接触器，即正转接触器KM1和反转接触器KM2。当接触器KM1的三对主触头接通时，三相电源的相序按U—V—W接入电动机；当接触器KM1的三对主触头断开，接触器KM2的三对主触头接通时，三相电源的相序按W—V—U接入电动机，电动机就向相反方向转动。电路要求接触器KM1和接触器KM2不能同时接通电源，否则，它们的主触头将同时闭合，造成U、W两相电源短路。为此，在KM1和KM2线圈各自支路中相互串联对方的一对辅助常闭触头，以保证接触器KM1和KM2不会同时接通电源，KM1和KM2的这两对辅助常闭触头在线路中所起的作用称为联锁或互锁作用。

按下启动按钮SB2，接触器KM1线圈通电，与SB1并联的KM1的辅助常开触点闭合，以保证KM1线圈持续通电，串联在电动机回路中的KM1的主触点持续闭合，电动机连续正向运转。

按下停止按钮SB1，接触器KM1线圈断电，与SB2并联的KM1的辅助触点断开，以保证KM1线圈持续失电，串联在电动机回路中的KM1的主触点持续断开，切断电动机定子电源，电动机停转。

按下反转启动按钮SB3，接触器KM2线圈通电，与SB3并联的KM2的辅助常开触点闭合，以保证KM2线圈持续通电，串联在电动机回路中的KM2的主触点持续闭合，电动机连续反向运转。

任务二 绘制车间低压配电系统图

任务描述：

低压配电系统是电气系统中比较复杂的电气系统之一。下面绘制如图 2-13 所示的某车间的配电系统图，该配电箱是从低压配电柜由一根 4×120+1×70 的电缆引来，通过总断路器、电源防雷器、母线、分断路器引出各路出线，各路出线的电缆型号标示在图纸上。

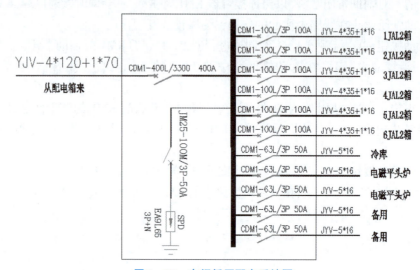

图 2-13　车间低压配电系统图

任务分析：

图 2-13 中较难的地方是绘制避雷器符号，避雷器符号和其他粗线段需要用"多段线"来完成，绘制断路器符号需要灵活运用"旋转"命令以及"镜像"命令，各路出线可以采用"阵列"方法提高绘图速度。

实施步骤：

1. 设置绘图环境

(1) 选择下拉菜单"文件(F)"→"新建(N)"命令。

(2) 选择下拉菜单"文件(F)"→"另存为(A)"命令，系统弹出"图形另存为"对话框，在"文件名"文本框中键入"车间低压配电系统图.dwg"，如图 2-14 所示。

(3) 根据绘图需要，新建"实线层""虚线层""文字层" 3 个图层，如图 2-15 所示。

2. 绘制配电箱框图和进线电缆

利用"矩形"命令，绘制低压配电箱框图，利用"多段线"命令绘制进线电缆，如图 2-16 所示。

3. 绘制断路器符号

绘制断路器符号时，要灵活综合运用各种命令，如图 2-17 所示。

项目二 车间动力和控制电路图的绘制

图 2–14 保存绘图文件

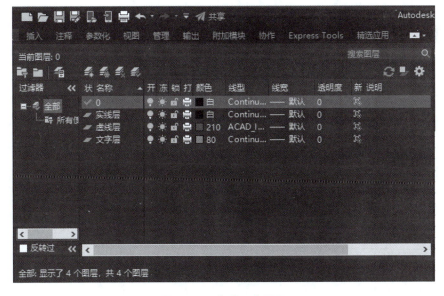

图 2–15 新建 3 个图层

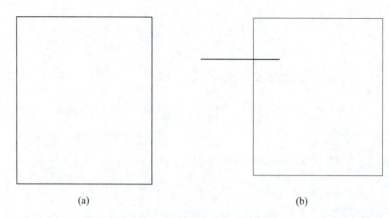

图 2-16 配电箱框图和进线电缆

(a)配电箱框图;(b)进线电缆

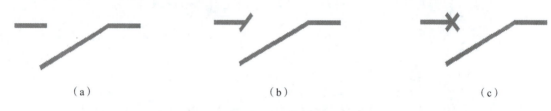

图 2-17 绘制断路器符号

(a)旋转绘制斜线;(b)旋转 45°绘制触点;(c)用镜像绘制触点另一边

4. 绘制母线

母线比较粗,也要用"多段线"命令进行绘制,设置线宽为 3,如图 2-18 所示。

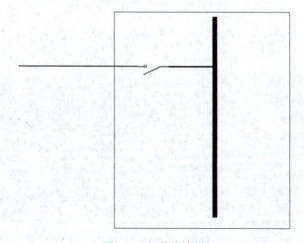

图 2-18 母线绘制

5. 绘制避雷器

难点是绘制实心箭头,需要用"多段线"来绘制,把线段的起点宽度设为 0,端点宽度设为 3,得到一个实心箭头,如图 2-19 所示。

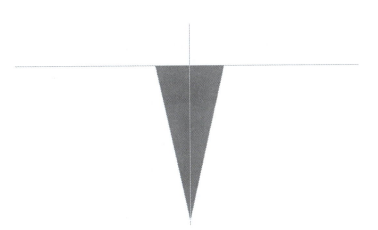

图 2 – 19　绘制实心箭头

绘制避雷器符号,如图 2 – 20 所示。

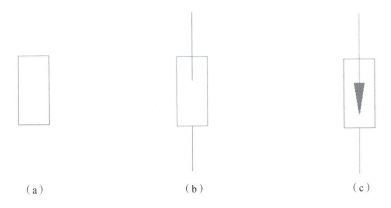

（a）　　　　　　　　（b）　　　　　　　　（c）

图 2 – 20　绘制避雷器符号

（a）绘制矩形；（b）绘制直线；（c）绘制箭头

6. 绘制接地符号

根据上一个任务的介绍绘制接地符号,如图 2 – 21 所示。

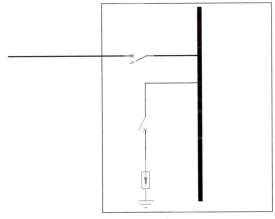

图 2 – 21　绘制接地符号

7. 绘制出线

断路器用上面画好的即可,然后用"阵列"命令,快速绘制出其他的出线,如图 2 – 22 和图 2 – 23 所示。

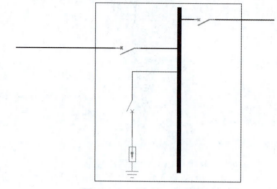

图 2 – 22　绘制一条出线

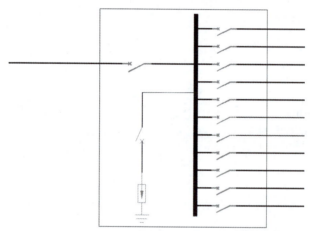

图 2 – 23　采用"阵列"命令快速绘制其他出线

8. 标注文字

用"多行文字"或者"单行文字"进行标注,也可采用"阵列"的方式快速标注相同的文字,如图 2 – 13 所示。

知识链接:

一、电线电缆产品主要分类

1. 裸电线及裸导体制品

主要特征:纯的导体金属,无绝缘及护套层,如钢芯铝绞线、铜铝汇流排、电力机车线等;加工工艺主要是压力加工,如熔炼、压延、拉制、绞合/紧压绞合等;产品主要用在城郊、农村、用户主线、开关柜等方面。

2. 电力电缆

主要特征:在导体外挤(绕)包绝缘层,如架空绝缘电缆,或几芯绞合(对应电力系统的相线、零线和地线),如二芯以上架空绝缘电缆,或再增加护套层,如塑料/橡套电线电缆。主要的工艺技术有拉制、绞合、绝缘挤出(绕包)、成缆、铠装、护层挤出等,各种产品的不同工序组合有一定区别。

产品主要用在发、配、输、变、供电线路中的强电电能传输,通过的电流大(几十安至几千安)、电压高(220 V～500 kV及以上)。

3. 电气装备用电线电缆

主要特征:品种规格繁多,应用范围广泛,使用电压在1 kV及以下较多。面对特殊场合,不断衍生新的产品,如耐火线缆、阻燃线缆、低烟无卤/低烟低卤线缆、防白蚁、防老鼠线缆、耐油/耐寒/耐温/耐磨线缆、医用/农用/矿用线缆、薄壁电线等。

4. 通信电缆及光纤

随着近二十多年来,通信行业的飞速发展,产品也有惊人的发展速度。从过去的简单的电话/电报线缆发展到几千对的电话电缆、同轴缆、光缆、数据电缆,甚至组合通信缆等。

二、电线电缆规格型号代表的含义

1. 型号、名称

RV 铜芯氯乙烯绝缘连接电缆(电线)。

BLV 铝芯聚氯乙烯绝缘电线。

BLVV 铝芯聚氯乙烯绝缘聚氯乙烯护套电线。

AVR 镀锡铜芯聚氯乙烯绝缘平型连接软电缆(电线)。

RVB 铜芯聚氯乙烯平型连接电线。

RVS 铜芯聚氯乙烯绞型连接电线。

RVV 铜芯聚氯乙烯绝缘聚氯乙烯护套圆形连接软电缆。

ARVV 镀锡铜芯聚氯乙烯绝缘聚氯乙烯护套平型连接软电缆。

RVVB 铜芯聚氯乙烯绝缘聚氯乙烯护套平型连接软电缆。

RV-105 铜芯耐热105 ℃聚氯乙烯绝缘聚氯乙烯绝缘连接软电缆。

AF-205AFS-250AFP-250 镀银聚氯乙氟塑料绝缘耐高温-60～250 ℃连接软电线。

BV 铜芯聚氯乙烯绝缘电线。

ZR 表示阻燃。

YJV 交联聚乙烯绝缘低卤、阻燃、耐火型电力电缆。

2. 规格表示的含义

规格由额定电压、芯数及标称截面组成。电线及控制电缆等一般的额定电压为300/300 V、300/500 V、450/750 V;中低压电力电缆的额定电压一般有0.6/1 kV、1.8/3 kV、3.6/6 kV、6/6(10)kV、8.7/10(15)kV、12/20 kV、18/20(30)kV、21/35 kV、26/35 kV等。

电线电缆的芯数根据实际需要来定,一般电力电缆主要有1、2、3、4、5芯,电线主要也是1～5芯,控制电缆有1～61芯。

标称截面是指导体横截面的近似值,是为了达到规定的直流电阻,方便记忆,并且统一而规定的导体横截面附近的一个整数值。我国统一规定的导体横截面有0.5、0.75、1、1.5、2.5、4、6、10、16、25、35、50、70、95、120、150、185、240、300、400、500、630、800、1 000、1 200等。

举例说明:

系统图中某线路上标有 ZR-YJV-4×25+1×16-CT-SC80-ACC。ZR 表示阻燃,YJV表示交联聚乙烯绝缘低卤、阻燃、耐火型电力电缆,4×25+1×16 是线的平方数,SC 表示水煤气钢管,CT 表示电缆桥架敷设,80 是公称直径,既不是外径,也不是内径,ACC 表示暗敷设在不能进人的吊顶内。

系统图中某线路上标有 BV(2×6+E6)SC20－C。BV 是聚氯乙烯绝缘电线,2×6+E6 表示两根 6 mm² 的电源线,加一根 6 mm² 的接地保护线,SC20－C 说明使用 DN20 的水煤气管做穿线管,暗敷。

LGJ185/25:LGJ 是钢芯铝绞线的意思,185 是指导线的截面积,25 指的是钢芯的截面积,这种型号应该是用于 110 kV 的输电线路。

在插座中,L 表示火线、N 表示零线、G 表示地线,插座内部有此符号标识。颜色也有区分,通常红色是火线,蓝色是零线,双色为地线。

任务三 绘制机床控制电路图

任务描述：

随着自动控制技术不断发展，节能型设备的应用越来越广泛。在工业生产中，变频器被广泛使用于电机、泵等设备上，既可以节省电能，又可以方便控制。图 2-24 所示是采用变频器进行调速和控制的车床交流主传动电路图。

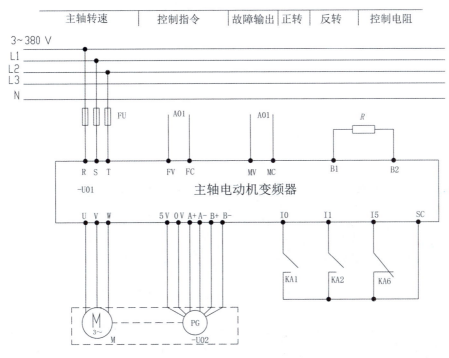

图 2-24 车床交流主传动电路图

任务分析：

图 2-24 框架幅面比较大，绘制时各个部分的位置要合适，比例要协调。因此，绘制时要先画辅助线，即元件布置网络线，确保后面进行元器件布置妥当，否则很容易造成元器件布置混乱。

实施步骤：

1. 设置绘图环境

(1) 选择下拉菜单"文件(F)"→"新建(N)"命令。

(2) 选择下拉菜单"文件(F)"→"另存为(A)"命令，系统弹出"图形另存为"对话框，在"文件名"文本框中键入"车床主传动电路图.dwg"，如图 2-25 所示。

(3) 根据绘图需要，新建"实线层""虚线层""文字层"和"辅助线层"4 个图层，如图 2-26 所示。

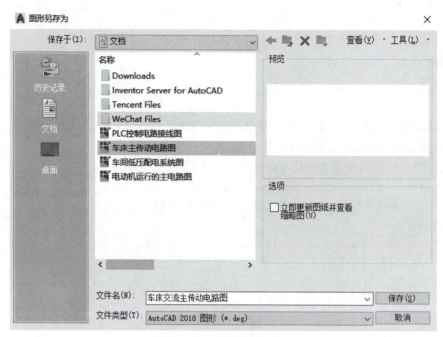

图 2-25 保存绘图文件

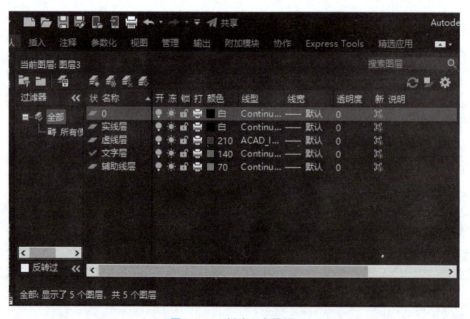

图 2-26 新建 4 个图层

2. 绘制元件布置网络线

(1)选择下拉菜单"格式(O)"→"图层(L)"命令,系统弹出图层特性管理器,选择"辅助线层"为当前默认层。

(2)使用功能区面板的"直线"工具按钮 和"修改"工具栏上的"偏移"工具按钮 ,按照图 2-27 所示尺寸绘制元件布置网格线。

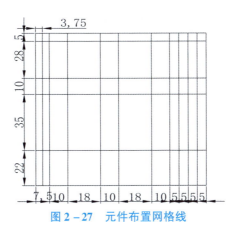

图 2-27 元件布置网格线

3. 放置元件

(1)选择下拉菜单"格式(O)"→"图层(L)"命令,系统弹出图层特性管理器,选择"实线层"为当前默认层。

(2)单击功能区面板"插入块"工具按钮,保持系统默认的比例,调整角度,将熔断丝、开关、动断开关、三相交流电机、电阻等元件插入绘图区相应的位置,如图 2-28 所示。

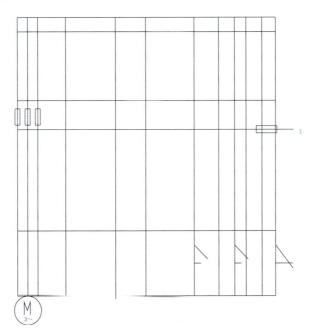

图 2-28 元件分布图

4. 删去辅助网络线

(1)单击"修改"工具栏上的"删除"工具按钮 ,删除辅助网格线。

(2)选择下拉菜单"格式(O)"→"图层(L)"命令,系统弹出图层特性管理器,选择"实线层"为当前默认层。

(3)单击"修改"工具栏上的"偏移"工具按钮 ,选择最上部直线段,向下分别偏移

12.5、3.75、3.75、3.75、20、20,生成 6 条水平直线段,如图 2-29 所示。

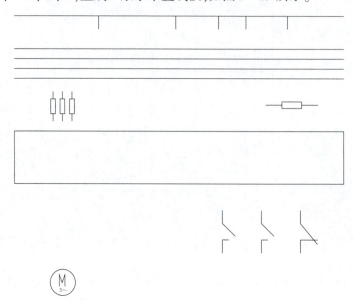

图 2-29 删除辅助线后

5. 绘制元件间的连接线

(1)单击功能区面板"直线"工具按钮 ,捕捉偏移的最后两直线段的左、右端点,绘制两条垂直的直线段。

(2)单击功能区面板"直线"工具按钮 ,按照电路图连接各元件,效果如图 2-30 所示。

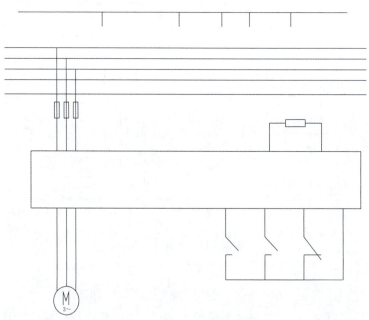

图 2-30 绘制元件间的连接线

6. 绘制引线和框架线

使用功能区面板"直线"工具按钮 和"修改"工具栏上的"偏移"工具按钮 ,按照如图

2-31所示尺寸,绘制引线和框架线。

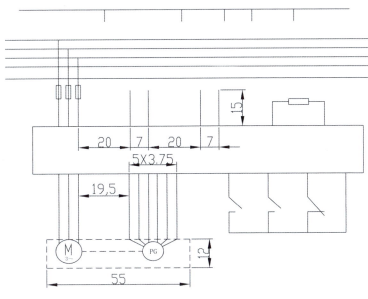

图 2-31 绘制引线和框架线

7. 绘制箭头和连接点

(1)单击"多段线"工具按钮，在绘图区选择刚才绘制的引线上端点作为起点,向上分别绘制箭头。

命令:_pline//执行多段线命令。

指定起点;//捕捉引线上端点。

当前线宽为 1.0000//当前线宽。

指定下一个点或[圆弧(A)/半宽(H)/长度(L)/放弃(U)/宽度(W)]:w//选择线宽模式。

指定起点宽度 <1.0000>:0//输入箭头起点线宽。

指定端点宽度 <0.0000>:1//输入箭头终点线宽。

指定下一个点或[圆弧(A)/半宽(H)/长度(L)/放弃(U)/宽度(W)]:2.5//输入箭头长度。

(2)在连线的交汇点绘制连接点,连接点是一个有尺寸的实心点,与用点命令画的点不同,可以采用画圆环的命令"do"来绘制,把圆环的内径设为 0 即可。也可以先画好一个圆圈,再用用图案填充命令进行填充,效果如图 2-32 所示。

8. 添加文字

(1)选择下拉菜单"格式(O)"→"图层(L)"命令,系统弹出图层特性管理器,选择"文字层"为当前默认层。

(2)单击功能区面板"多行文字"工具按钮，在绘图区相应位置添加 FU、A01、R、B1、B2、U、V、W 等标识文字和主轴转速、控制指令、故障输出、正转、反转等说明文字,完成电路图的绘制,如图 2-24 所示。

87

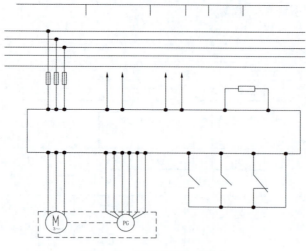

图 2-32　绘制箭头和连接点

知识链接：

车床是做进给运动的车刀对做旋转主运动的工件进行切削加工的机床。车床的加工原理就是把刀具和工件安装在车床上，由车床的传动和变速系统产生刀具与工件的相对运动，即切削运动，切削出合乎要求的零件。

车床的加工范围较广，主要加工回转表面，可车外圆、车端面、切槽、钻孔、镗孔、车锥面、车螺纹、车成形面、钻中心孔及滚花等。

随着科学技术的发展，机电产品日趋精密、复杂。产品的精度要求越来越高，更新换代的周期也越来越短，从而促进了现代制造业的发展。尤其是宇航、军工、造船、汽车和模具加工等行业，用普通机床进行加工(精度低、效率低、劳动度大)已无法满足生产要求，从而一种新型的用数字程序控制的机床应运而生。这种机床是一种综合运用了计算机技术、自动控制、精密测量和机械设计等新技术的机电一体化典型产品。数控机床是一种装有程序控制系统(数控系统)的自动化机床。该系统能够逻辑地处理具有使用号码，或其他符号编码指令(刀具移动轨迹信息)规定的程序。具体地讲，把数字化了的刀具移动轨迹的信息输入数控装置，经过译码、运算，从而实现控制刀具与工件相对运动，加工出所需的零件的机床，即为数控机床。

任务四 绘制 PLC 控制电路图

任务描述：

图 2-33 所示是采用西门子 S7-200 系列 PLC 的某自动化生产线 PLC 控制电路接线图。接线图用来描述 PLC 的输入/输出模块与外部设备之间的连接关系。图 2-33 中，输入设备主要有行程开关、转换开关和按钮，输出设备主要有接触器和灯泡(指示灯)。

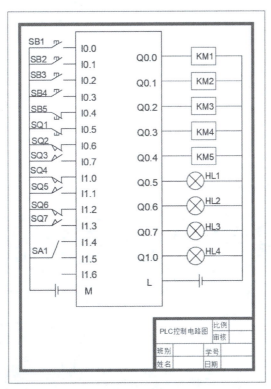

图 2-33 PLC 控制电路图

任务分析：

整个图要求绘制在一张竖向、不留装订边的 A4 图纸内，右下角绘制标题栏，标题栏是用来确定图纸的名称、图号、张次、更改、日期及设计者等有关人员签署等内容的栏目。绘制时，先画好 A4 的图纸边框和标题栏，然后再在里面画电路图。

实施步骤：

1. 设置绘图环境

(1)选择下拉菜单"文件(F)"→"新建(N)"命令。

(2)选择下拉菜单"文件(F)"→"另存为(A)"命令，系统弹出"图形另存为"对话框，在"文件名"文本框中键入"PLC 控制电路接线图.dwg"，如图 2-34 所示。

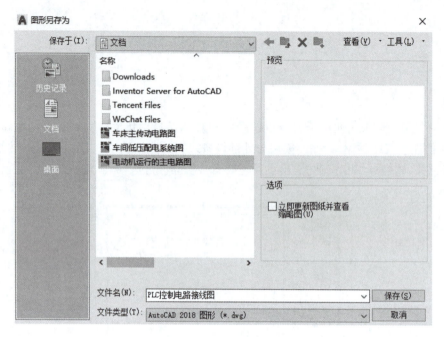

图 2-34 保存绘图文件

(3) 根据绘图需要,新建"实线层""图框层""文字层"3 个图层,如图 2-35 所示。

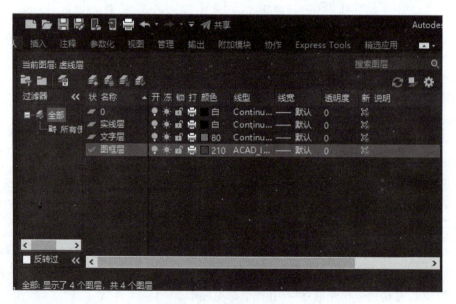

图 2-35 新建 3 个图层

2. 绘制 A4 图框和标题栏

用矩形命令绘制一个 210×297 的矩形,然后用"多段线"绘制内框粗线,外框和内框之间的偏移距离为 10 mm,如图 2-36 所示。

绘制一个精简版的标题栏,并输入相应文字,如图 2-37 所示。

项目二 车间动力和控制电路图的绘制

图 2-36 绘制 A4 图框

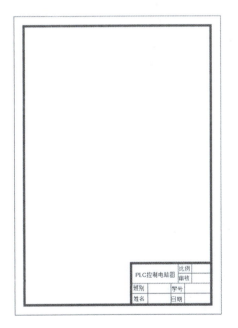

图 2-37 绘制标题栏

3. 绘制中间矩形

用矩形命令绘制一个 70×220 的矩形,如图 2-38 所示。

4. 分解

用"分解"命令 把矩形分解,将左侧直线用点的定数等分进行 17 等分,将右侧直线段用点的定数等分进行 11 等分,把点样式改成一个叉,如图 2-39 所示。

91

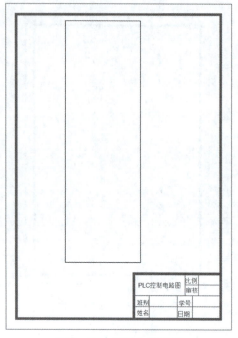

图 2-38 绘制中间矩形

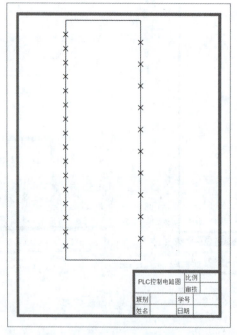

图 2-39 把两边直线进行等分

5. 绘制元件

用矩形 ▭、直线 ╱、圆 ⊙、复制 ⊗、镜像 ⚠、偏移 ∈、修剪 ✂、多行文字 A 等命令,绘制出具有相同符号的元件图形,如图 2-40 所示。

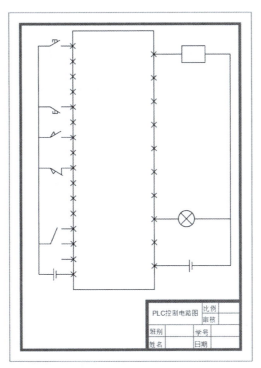

图 2-40 绘制元件

用复制 、阵列等命令,绘制出具有相同类型的元件图形,如图 2-41 所示。

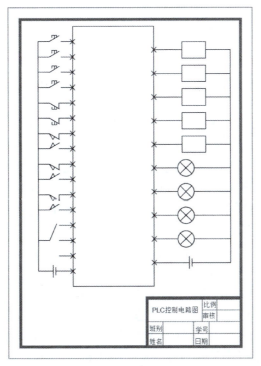

图 2-41 复制元件

6. 删除等分点(图 2-42)

7. 标注文字

用多行文字 A 进行文字标注,完成绘图,如图 2-33 所示。

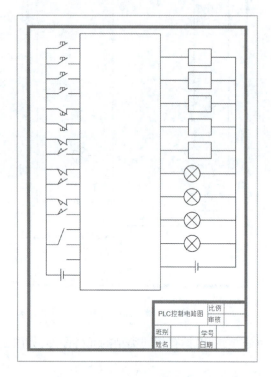

图 2-42　删除等分点

知识链接:

　　PLC 又叫可编程逻辑控制器,是一种具有微处理器的可用于自动化控制的数字运算控制器,用于其内部存储程序,执行逻辑运算、顺序控制、定时、计数与算术操作等面向用户的指令,并通过数字或模拟式输入/输出控制各种类型的机械或生产过程。

　　自 20 世纪 60 年代出现可编程逻辑控制器取代传统继电器控制装置以来,PLC 得到了快速发展,在世界各地得到了广泛应用。同时,PLC 的功能也不断完善。随着计算机技术、信号处理技术、控制技术网络技术的不断发展和用户需求的不断提高,PLC 在开关量处理的基础上增加了模拟量处理和运动控制等功能。今天的 PLC 不再局限于逻辑控制,在运动控制、过程控制等领域也发挥着十分重要的作用。

　　20 世纪 70 年代初出现了微处理器。人们很快将其引入可编程逻辑控制器,使可编程逻辑控制器增加了运算、数据传送及处理等功能,完成了真正具有计算机特征的工业控制装置。此时的可编程逻辑控制器为微机技术和继电器常规控制概念相结合的产物。可编程序控制器(Programmable Controller,PC),是一台专为工业环境应用而设计制造的计算机。它具有丰富的输入/输出接口,并且具有较强的驱动能力。但由于 PC 容易和个人计算机(Personal Computer)混淆,可编程逻辑控制器定名为 Programmable Logic Controller(PLC)。

　　20 世纪 70 年代中末期,可编程逻辑控制器进入实用化发展阶段,计算机技术已全面引入可编程控制器中,使其功能发生了飞跃。更高的运算速度、超小型体积、更可靠的工业抗干扰设计、模拟量运算、PID 功能及极高的性价比奠定了它在现代工业中的地位。

20 世纪 80 年代初,可编程逻辑控制器在先进工业国家中已获得广泛应用。世界上生产可编程控制器的国家日益增多,产量日益上升。这标志着可编程控制器已步入成熟阶段。

20 世纪 80 年代至 90 年代中期,是可编程逻辑控制器发展最快的时期,年增长率一直保持为 30% ~ 40%。在这时期,PLC 在处理模拟量能力、数字运算能力、人机接口能力和网络能力方面得到大幅度提高,可编程逻辑控制器逐渐进入过程控制领域,在某些应用上取代了在过程控制领域处于统治地位的 DCS 系统。

20 世纪末期,可编程逻辑控制器的发展特点是更加适用于现代工业的需要。这个时期发展了大型机和超小型机,诞生了各种各样的特殊功能单元,生产了各种人机界面单元、通信单元,使应用可编程逻辑控制器的工业控制设备的配套更加容易。

知识拓展:

电气工程 CAD 制图规范:

电气工程设计部门设计、绘制图样,施工单位按图样组织工程施工,所以,图样必须有设计和施工等部门共同遵守的一定的格式和一些基本规定,本部分扼要介绍国家标准 GB/T 18135—2008《电气工程 CAD 制图规则》中常用的有关规定。

一、图纸的幅面和格式

1. 图纸的幅面

绘制图样时,图纸幅面尺寸应优先采用表 2 – 1 中规定的基本幅面。

表 2 – 1　图纸的基本幅面及图框尺寸　　　　　　　　　　　　　　　　　mm

幅面代号	A0	A1	A2	A3	A4
$B \times L$	841 × 1 189	594 × 841	420 × 594	297 × 420	210 × 297
a	25				
c	10			5	
e	20		10		

其中,a、c、e 为留边宽度。图纸幅面代号由"A"和相应的幅面号组成,即 A0 ~ A4。基本幅面共有五种,其尺寸关系如图 2 – 43 所示。

幅面代号的几何含义,实际上就是对 0 号幅面的对开次数。如 A1 中的"1",表示将全张纸(A0 幅面)长边对折裁切一次所得的幅面;A4 中的"4",表示将全张纸长边对折裁切四次所得的幅面,如图 2 – 43 所示。

必要时,允许沿基本幅面的短边成整数倍加长幅面,但加长量必须符合国家标准(GB/T 14689—93)中的规定。

图框线必须用粗实线绘制。图框格式分为留有装订边和不留装订边两种,如图 2 – 44 和图 2 – 45 所示。两种格式图框的周边尺寸 a、c、e 见表 2 – 1。但应注意,同一产品的图样只能采用一种格式。

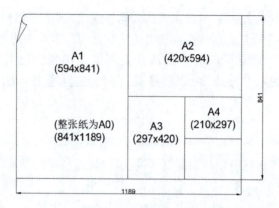

图 2-43 基本幅面的尺寸关系

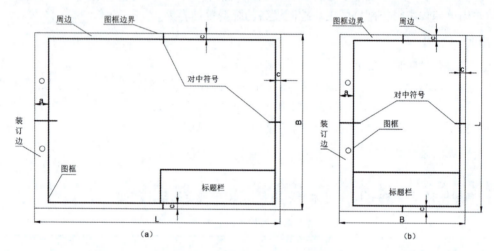

图 2-44 留有装订边图样的图框格式
(a)横装；(b)竖装

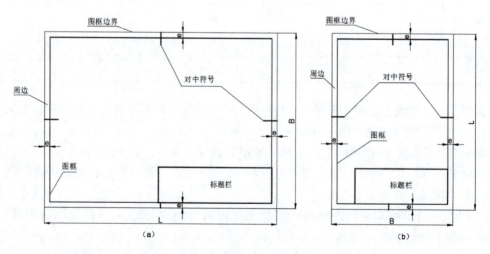

图 2-45 不留装订边图样的图框格式
(a)横装；(b)竖装

国家标准规定,工程图样中的尺寸以毫米为单位时,不需要标注单位符号(或名称)。如采用其他单位,则必须注明相应的单位符号。本书的文字叙述和图例中的尺寸单位为毫米,均未标出。

为了确定图中内容的位置及其他用途,往往需要将一些幅面较大的、内容复杂的电气图进行分区,如图2-46所示。

图2-46　图幅的分区

图幅的分区方法是:将图纸相互垂直的两边各自加以等分,竖边方向用大写拉丁字母编号,横边方向用阿拉伯数字编号,编号的顺序应从标题栏相对的左上角开始,分区数应为偶数;每一分区的长度一般应不小于25 mm,且不大于75 mm,对分区中符号应以粗实线给出,其线宽不宜小于0.5 mm。

图纸分区后,相当于在图样上建立了一个坐标。电气图上的元件和连接线的位置可由此“坐标”而唯一地确定下来。

2. 标题栏

标题栏是用来确定图样的名称、图号、张次、更改和有关人员签名等内容的栏目,位于图样的下方或右下方。图中的说明、符号均应以标题栏的文字方向为准。

通常采用的标题栏格式应有以下内容:设计单位名称、工程名称、项目名称、图名、图别、图号等。电气工程图中常用图2-47所示标题栏格式,可供读者借鉴。

<table>
<tr><td colspan="4" rowspan="2">设计单位名称</td><td>工程名称</td><td>设计号</td><td></td></tr>
<tr><td></td><td>图 别</td><td></td></tr>
<tr><td>总工程师</td><td></td><td>主要设计人</td><td></td><td colspan="3" rowspan="3">项目名称</td></tr>
<tr><td>设计总工程师</td><td></td><td>技　核</td><td></td></tr>
<tr><td>专业工程师</td><td></td><td>制　图</td><td></td></tr>
<tr><td>组 长</td><td></td><td>描　图</td><td></td><td colspan="3" rowspan="2">图　名</td></tr>
<tr><td>日 期</td><td></td><td>比　例</td><td></td></tr>
</table>

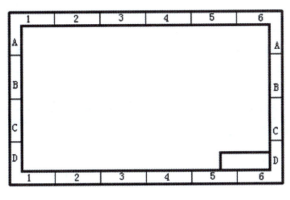

图2-47　标题栏格式

学生在作业时,采用图2-48所示的标题栏格式。

二、比例

比例是指图中图形与其实物相应要素的线性尺寸之比。

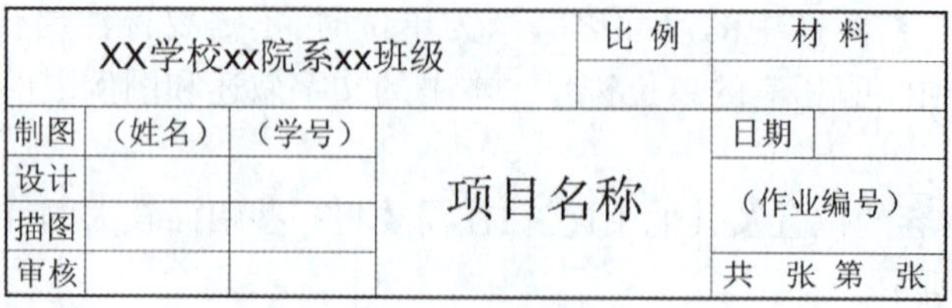

电气工程 CAD

图 2-48 作业用标题栏

绘制图样时,应优先选择表 2-2 中的"优先使用"比例。必要时,也允许从表 2-2 中的"允许使用"比例中选取。

表 2-2 绘图的比例

种类		比例					
原值比例		1∶1					
放大比例	优先使用	5∶1	2∶1	$5×10^n∶1$	$2×10^n∶1$	$1×10^n∶1$	
	允许使用	4∶1	2.5∶1	$4×10^n∶1$	$2.5×10^n∶1$		
缩小比例	优先使用	1∶2	1∶5	1∶10	$1∶2×10^n$	$1∶5×10^n$	$1∶1×10^n$
	允许使用	1∶1.5	1∶2.5	1∶3	1∶4	1∶6	
		$1∶1.5×10^n$	$1∶2.5×10^n$	$1∶3×10^n$	$1∶4×10^n$	$1∶6×10^n$	

注:n 为正整数。

三、字体

在图样上,除了要用图形来表达机件的结构形状外,还必须用数字及文字来说明它的大小和技术要求等其他内容。

1. 基本规定

在图样和技术文件中书写的汉字、数字和字母,都必须做到:字体工整、笔画清楚、间隔均匀、排列整齐。字体的号数代表字体高度(用 h 表示)。字体高度的公称尺寸系列为 1.8 mm、2.5 mm、3.5 mm、5 mm、7 mm、10 mm、14 mm、20 mm。如需更大的字,其字高应按 $\sqrt{2}$ 的比率递增。汉字应写成长仿宋体字,并应采用国家正式公布的简化字。汉字的高度 h 应不小于 3.5,其字宽一般为 $h/\sqrt{2}$。字母和数字分 A 型和 B 型。A 型字体的笔画宽度 $d=h/14$,B 型字体的笔画宽度 $d=h/10$。在同一张图样上,只允许选用一种型式的字体。字母和数字可写成斜体和直体。斜体字字头向右倾斜,与水平基准线成 75°。

2. 字体示例

汉字示例(图 2-49):

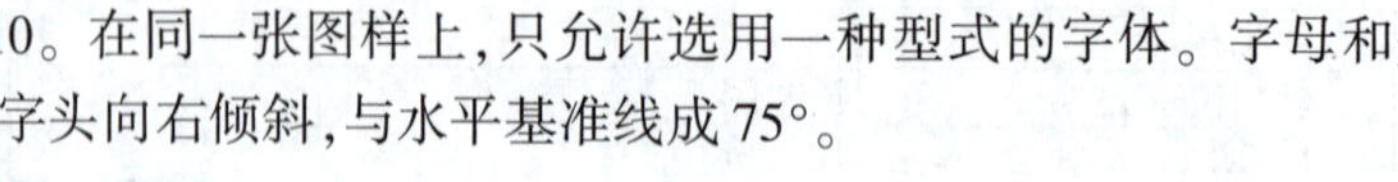

图 2-49 汉字示例

字母示例(图2-50):

图2-50 字母示例

罗马数字(图2-51):

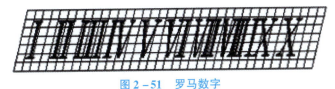

图2-51 罗马数字

数字示例(图2-52):

图2-52 数字示例

四、图线及其画法

图线是指起点和终点间以任意方式连接的一种几何图形,它是组成图形的基本要素,形状可以是直线或曲线、连续线或不连续线。国家标准中规定了在工程图样中使用的六种图线,其型式、名称、宽度以及应用示例见表2-3。

表2-3 常用图线的型式、宽度和主要用途

图线名称	图线型式	图线宽度	主要用途
粗实线	———————	b	电气线路、一次线路
细实线	———————	约 $b/3$	二次线路、一般线路
虚线	— — — — —	约 $b/3$	屏蔽线、机械连线
细点画线	— · — · — · —	约 $b/3$	控制线、信号线、围框线
粗点画线	— · — · — · —	b	有特殊要求线
双点画线	— ·· — ·· — ·· —	约 $b/3$	原轮廓线

图线分为粗、细两种。以粗线宽度作为基础,粗线的宽度 b 应按图的大小和复杂程度,在 0.5~2 mm 之间选择,细线的宽度应为粗线宽度的 1/3。图线宽度的推荐系列为 0.18 mm、0.25 mm、0.35 mm、0.5 mm、0.7 mm、1 mm、1.4 mm、2 mm,若各种图线重合,应按粗实线、点画线、虚线的先后顺序选用线型。

项目三　室内照明电路图的绘制

> ■ **知识目标：**
> 了解家庭配电箱电气图及两地控制一灯的电路图的构成，了解三室两厅家庭照明电路和教室照明电路平面布置图，为电气识图和电气绘图打下基础，并了解电气图的绘图方法和绘图步骤。
>
> ■ **技能目标：**
> 通过单相电源配电箱电气图、两地控制一灯的电路图、教室照明电路和三室两厅家庭照明电路平面布置图的绘图训练，使学生学会绘制上述图形的同时，初步掌握简单电气图的绘图步骤，熟悉复制、偏移、移动、旋转、修剪、标注、镜像等命令的使用。

任务一　绘制单相电源配电箱电气图

任务描述：

用 A4 图纸按 1∶1 绘制如图 3-1 所示单相电源配电箱电气图。

任务分析：

配电箱是一种专门用于配电能的箱子，主要用于对用电设备的控制、配电等，还包括保护线路，防止它短路、漏电或者是超负荷工作等。单相电源配电箱在生活中应用领域广泛，目前配电装置已分体安装，电度表一般由供电部门统一安装（安装在室外）、统一管理，室内配电装置，主要是电片保护器（熔丝盒）和控制器（总开关）。用电器的保护和控制也分路控制，有照明控制、插座控制、空调控制等。在绘制电气图时，要分析这些元件间的连接关系和元件的正确接线，以确定正确的作图方法和步骤。

实施步骤：

1. 设置绘图环境

(1) 单击"新建"命令 ▭ 新建图形。

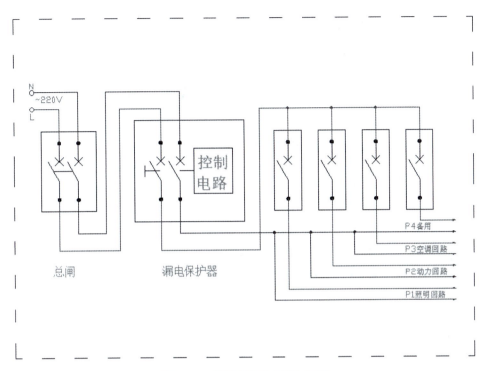

图 3-1　单相电源配电箱电气图

(2)选择"另存为"命令 ,系统弹出"图形另存为"对话框,在"文件名"文本框中键入"单相电源配电箱电气图.dwg",单击"保存"按钮,如图 3-2 所示。

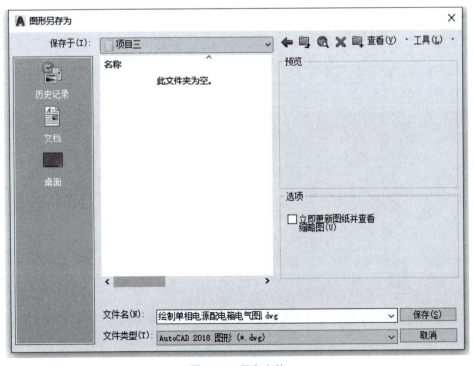

图 3-2　保存文件

（3）根据绘图需要，新建图层，如图3-3所示。

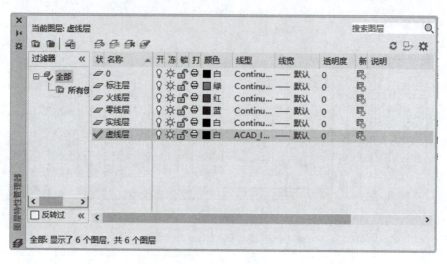

图3-3　新建图层

2. 绘制框架

（1）选择图层下拉菜单，选择"虚线层"为当前默认层。

（2）使用"绘图"工具栏上的"直线"工具按钮，按照如图3-4所示尺寸绘制框架和元件定位线。

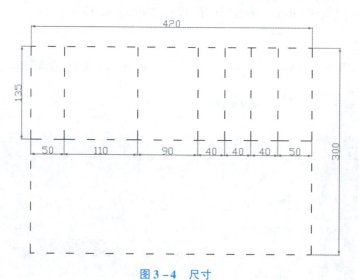

图3-4　尺寸

3. 绘制框内长方形

（1）选择图层下拉菜单，选择"实线层"为当前默认层。

（2）分别绘出如图3-5所示尺寸的长方形；找到长方形图形的中点，以中点为基点，移动到图框内，如图3-5所示。

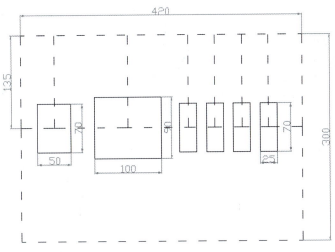

图 3-5 图形尺寸

4. 删除图框内的辅助线(图 3-6)

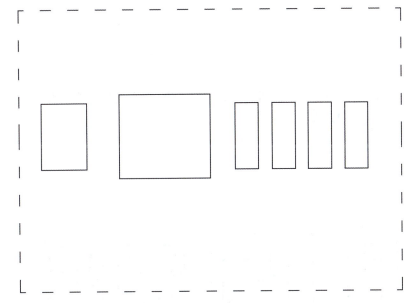

图 3-6 修剪图形

5. 绘制开关

在"正交"方式下绘制一条长为 50 的竖直线。启用"极轴追踪",将角度增量设置为 30°,绘制一条长为 10 的垂线,再绘制一条倾斜角度为 300°,长度为 20 的斜线,输入长度<角度 (20<300)即可得到有角度的斜线,如图 3-7 所示。移动垂线,以该线的中点为基点,垂足为目标点,剪切成图 3-8 所示样式。以短横线与垂直直线的交点为基点,旋转 45°,如图 3-9 所示。镜像得到图 3-10。输入命令"DO",分别在直线两端绘制内径为 0,外径为 3 的实心圆,如图 3-11 所示。

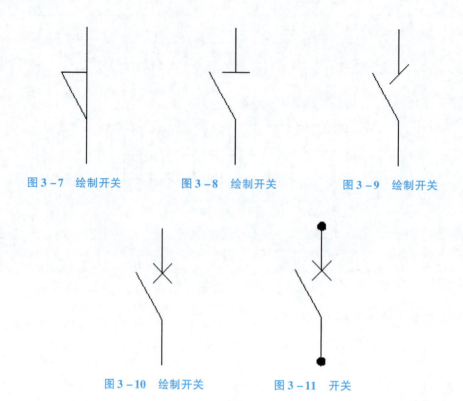

图 3-7 绘制开关　　图 3-8 绘制开关　　图 3-9 绘制开关

图 3-10 绘制开关　　图 3-11 开关

6. 复制

选择"复制"命令,把图 3-11 的开关复制到图形中,其中大长方形中有一个长为 35,宽为 40 的小长方形,如图 3-12 所示。

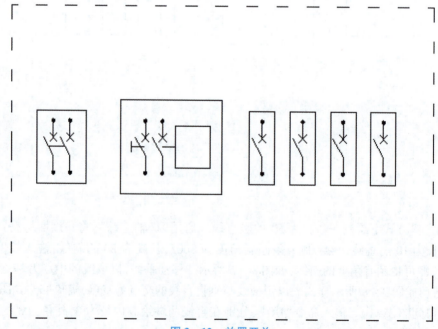

图 3-12 放置开关

7. 连线

(1) 选择图层下拉菜单,选择"火线层"为当前默认层;绘制出火线。

(2) 选择图层下拉菜单,选择"火线层"为当前默认层;绘制出火线。

(3) 进线端是一个半径为2的圆,出线端是一个起点宽度为1,端点宽度为0的箭头,得到图3-13。

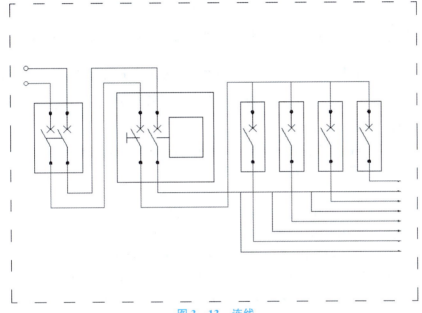

图3-13 连线

8. 完善节点处

输入命令"DO",在节点处绘制出内径为0,外径为1的实心圆,如图3-14所示。

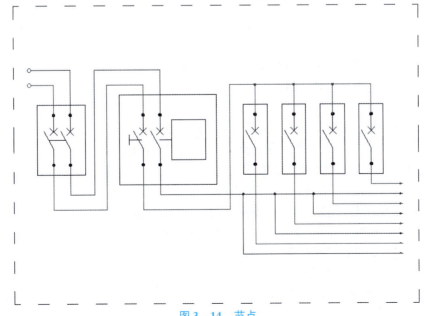

图3-14 节点

9. 标注

选择图层下拉菜单,选择"标注层"为当前默认层;对图进行标注,结果如图 3-11 所示。

知识链接:

(1)对于标注中的特殊符号,可以通过文字标注来实现。首先选择多行文字 A，在菜单栏中找到符号 @，单击下方的下拉箭头,选择"其他",打开了字符映射表,即可在字符映射表内找到特殊符号。单击"选择"→"复制",关闭字符映射表,把符号粘贴在相应的位置即可。

(2)对 2*⌀30 中的圆进行标注。对圆可以标注半径、直径、圆弧等,那么怎么同时标注两个圆的直径或者半径呢?

首先,把一个圆的直径标注出来,然后对这个标注进行修改。选择标注,右击,选择"特性"→"文字"→"文字替代",把文字输入即可。

(3)配电箱尺寸。

家用配电箱尺寸与一般的工业配电箱尺寸相差较大,家用配电箱一般采用 PZ30 型号的箱子。家用配电箱尺寸大小有:110 mm × 160 mm × 8 mm、150 mm × 170 mm × 8 mm、200 mm × 210 mm × 9 mm、230 mm × 240 mm × 9 mm、280 mm × 280 mm × 9 mm、280 mm × 370 mm × 9 mm、280 mm × 420 mm × 9 mm、280 mm × 460 mm × 9 mm、470 mm × 210 mm × 9 mm、470 mm × 370 mm × 9 mm、470 mm × 420 mm × 9 mm、580 mm × 370 mm × 9 mm、390 mm × 630 mm × 9 mm 等众多尺寸,可根据实际需要进行选择。

(4)配电箱的要求。

配电箱应符合以下要求:

1)配电箱分金属外壳和塑料外壳两种,有明装式和暗装式两类,箱体必须完好无缺。

2)箱体内接线汇流排应分别设立零线、保护接地线、相线,并且要完好无损,具有良好的绝缘性。

3)空气开关的安装座架应光洁无阻,并有足够的空间。

4)配电箱门板应有检查透明窗。

(5)配电箱的安装要点。

1)应安装在干燥、通风部位,并且无妨碍物,方便使用。

2)配电箱不宜安装过高,一般安装标高为 1.8 m,以便操作。

3)进配电箱的电管必须用锁紧螺帽固定。

4)若配电箱需开孔,孔的边缘须平滑、光洁。

5)配电箱埋入墙体时应垂直、水平,边缘留 5~6 mm 的缝隙。

6)配电箱内的接线应规则、整齐,端子螺丝必须紧固。

7)各回路进线必须有足够长度,不得有接头。

8)安装后标明各回路使用名称。

9)安装完成后,须清理配电箱内的残留物。

项目三　室内照明电路图的绘制

任务二　绘制两地控制一灯的电路图

任务描述：

在越来越重视生活质量的今天，由于成本低、安装简单、购买方便、设备简单、使用方便等特点，两地控制一灯、三地控制一灯等成了房屋装修电灯控制方式的必备选择。本任务要求学生按要求绘制图3-15所示的两地控制一灯的电路图。

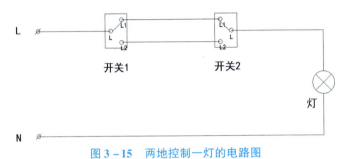

图3-15　两地控制一灯的电路图

任务分析：

两地控制一灯的电路图如图3-15所示。该电路图由两个单级双控开关、一盏灯、导线组成。需要用到直线、圆、矩形、镜像、复制等工具，需要新建设备层、导线层和文字标注层，在绘制时，要分析这些元件间的连接关系和元件的正确接线，以确定正确的作图方法和步骤。

实施步骤：

（1）新建一个空白AutoCAD文件，如图3-16所示。

图3-16　新建文件

(2)文件保存:单击文件左上角的"另存为"按钮,系统弹出"图形另存为"对话框,在"文件名"文本框中输入"两地控制一灯的电路图.dwg"并保存。

(3)设置图层:单击"图层特性",系统弹出图层特性管理器,单击"新建"图层,新建图层分别为设备层、导线层、文字标注层。

(4)选择"设备层"绘制设备。

1)单级双控开关:

作辅助线,打开"正交",作一条长为 30 mm 的竖直线,在竖直线的中点向左作一条长为 15 mm 的横线,如图 3-17 所示。在辅助线的三个端点处分别作出半径为 2.5 mm 的圆,并作出一条直线连接两圆,如图 3-18 所示。作一个长为 30 mm、宽为 45 mm 的矩形,利用"对象捕捉"选择几何中心,以矩形的中心为基点把矩形移动到横线的中点上,删除辅助线,如图 3-19 所示。

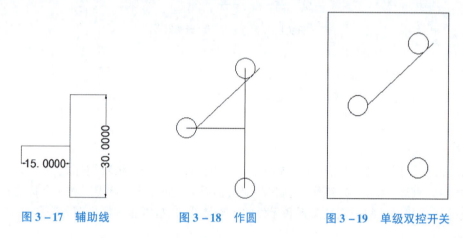

图 3-17 辅助线   图 3-18 作圆   图 3-19 单级双控开关

使用"镜像"功能,得到第二个单级双控开关,如图 3-20 所示。

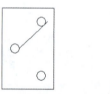

图 3-20 两个单级双控开关

2)灯的一般符号:

作一个半径为 15 mm 的圆。打开"极轴追踪",选择 45°,绘制一条角度为 45°、长为 30 mm 的直线。以直线的中点为基点,移动到圆心上。使用"镜像"功能,镜像出第二条直线,如图 3-21 所示。

图 3-21 灯的一般符号

3)接线端子:

作一个半径为 2.5 mm 的圆,打开"极轴追踪",选择 45°。绘制一条角度为 45°、长为 10 mm

的直线。以直线的中点为基点,移动到圆心上。使用"复制",得到第二个接线端子,如图 3 – 22 所示。

图 3 – 22　接线端子

(5)选择"导线层",绘制连接导线,连接设备,如图 3 – 23 所示。

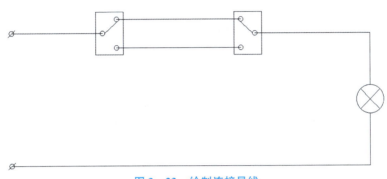

图 3 – 23　绘制连接导线

(6)选择"文字标注层",对图进行标注,结果如图 3 – 15 所示。

知识链接:

三个开关共同控制一盏灯控制线路,可实现三地控制一盏灯,三个开关分别安装在不同的位置,不管按哪个开关,都可以控制照明灯的点亮和熄灭。图 3 – 24 所示为三地控制一灯的电路图。其中,开关 1 和开关 2 是单级双控开关,开关 3 是单级多控开关。

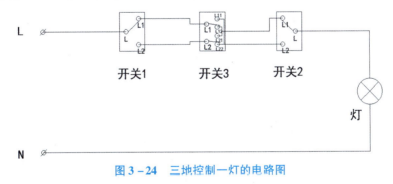

图 3 – 24　三地控制一灯的电路图

任务三　绘制教室照明电路平面布置图

任务描述：

照明平面图是建筑电气工程中的重要图样之一。如图 3-25 所示，图中有 3 扇窗、3 扇往外开的双扇平开门；教室中布置有 1 个照明电源箱、26 盏双管日光灯、7 个暗装带接地保护插座、4 个空调开关箱、1 个暗装单级开关、6 个暗装双级开关，共有 6 回支路。本任务要求学生按要求绘制图 3-25 所示的某教室室内照明电路平面布置图。

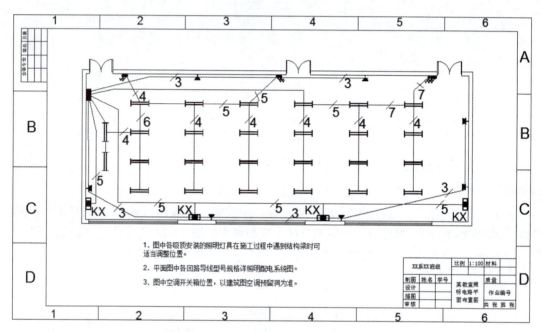

图 3-25　某教室室内照明电路平面布置图

任务分析：

要绘制图 3-25，从几个步骤了解该图的信息，从而方便绘图。首先，看标题栏，了解工程名称、项目内容、设计日期；其次，看设计说明书，了解图样中未能表达清楚的各有关事项；再次，重点阅读图纸，了解建筑的内部结构，照明器具的种类、位置、数量和功能，以及各线路的走向和数量；最后，在绘图时，能根据看图的步骤绘图，先绘制图框，然后绘制建筑结构，再绘制照明器具，之后连线和标注注释，就可以完成一张完整的图纸。

绘图步骤：

（1）新建文件：新建一个空白 AutoCAD 2020 文件。

（2）文件保存：单击文件左上角的"另存为"命令，系统弹出"图形另存为"对话框，在"文件名"文本框中键入"某教室室内照明电路平面布置图.dwg"，保存。

（3）设置图层：单击"图层特性"，系统弹出图层特性管理器，单击"新建图层"，新建图层分别为图框、轴线、墙体、门窗、材料、导线、标注等图层。

(4)用"矩形""直线""偏移""修剪""多行文字"等命令绘制出图框和标题栏,如图3-26~图3-28所示。

图3-26 会签栏   图3-27 标题栏

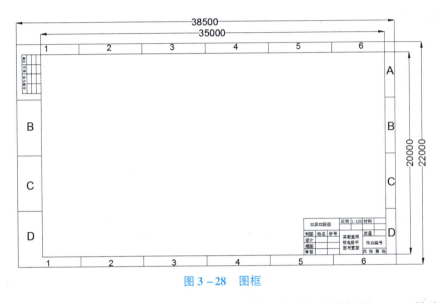

图3-28 图框

(5)设置"轴线"图层为当前图层,使用"直线"命令,在图框绘制如图3-29所示的轴线。

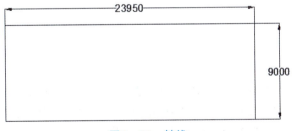

图3-29 轴线

(6)绘制墙体:

1)单击编辑页面最上方的倒三角形图标 ,在弹出的窗口中单击"显示菜单栏"。

2)把"墙体"图层置为当前。单击菜单栏中的"格式(O)",单击"多线样式",打开"多线样式"对话框。单击"修改(M)",打开"修改多线样式"对话框,勾选"封口"选项组的直线"起点"和"端点",单击"确定"按钮关闭对话框。

3)单击"多线"命令,设置"对正J"为无,"比例S"为240。捕捉轴线的一个端点开始绘制墙体,如图3-30所示。

图3-30 墙体

4) 使用"直线"和"偏移"命令,绘制出门洞和窗洞位置,如图3-31所示。

图3-31 门洞和窗洞位置

5) 分解多线,使用"修剪"命令,修剪多余部分,如图3-32所示。

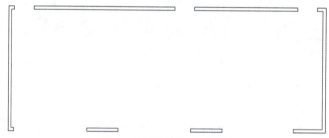

图3-32 修剪出门窗位置

(7) 绘制门窗。

1) 打开"多线"样式,单击"新建"命令,新建窗户多线样式,在"修改多线样式-窗户"对话框中设置图元参数偏移30、120、-30、-120,并置为当前,把门窗图层置为当前。单击"多线"命令,设置"比例S"为1,绘制窗户图形,如图3-33所示。

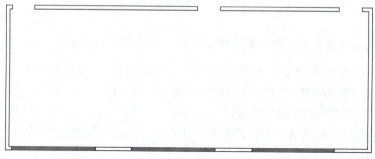

图3-33 绘制窗户

2)使用圆和矩形命令绘制两个半径为 750 mm 的圆和两个长为 40 mm、宽为 750 mm 的矩形。使用"修剪"命令修剪并补齐直线,得到门扇形状。再复制出其他两扇门,如图 3-34 和图 3-35 所示。

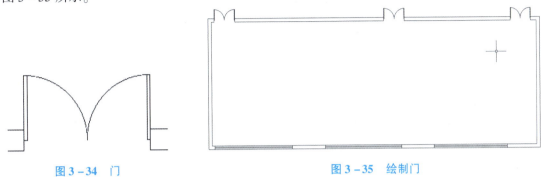

图 3-34　门　　　　　　　　　图 3-35　绘制门

(8)把"材料"层置为当前。用"直线""圆弧""填充""矩形"绘制 26 个双管日光灯、1 个照明配电箱、7 个暗装带接地保护插座、4 个空调开关箱、1 个暗装单级开关、6 个暗装双级开关,并复制和移动到如图 3-36 所示的位置上。

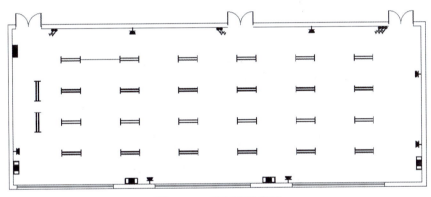

图 3-36　绘制照明器具

(9)把"导线"层置为当前,绘制连接导线,如图 3-37 所示。

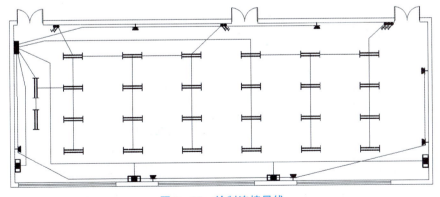

图 3-37　绘制连接导线

(10)把"标注"层置为当前,在图上作如图 3-38 所示的标注和注释。

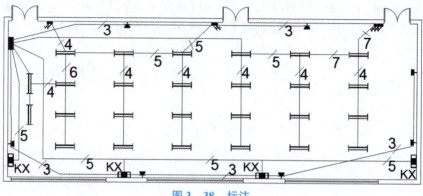

图3-38 标注

知识链接：

导线的一般符号可以表示任何形式的导线，在表示多根导线时，如果是3根以上的导线，可以在单根导线上画一根短斜线，在短斜线旁写上数字，表示有几根导线；在表示3根以下的导线时，在导线上画上1/2根短斜线即可；在表示3根导线时，在导线上画上3根短斜线或者画一条段斜线，并在旁边写上3表示。

课后练习：

题目：绘制图3-39所示办公楼1楼照明电路平面布置图。

图层设置：图框、轴线、墙体、门窗、照明材料、导线、标注。

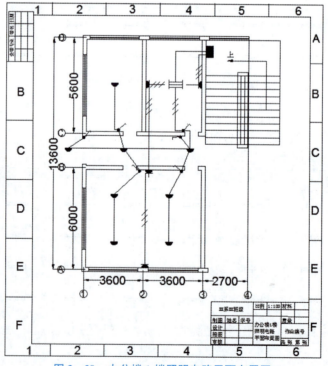

图3-39 办公楼1楼照明电路平面布置图

任务四 绘制三室两厅家庭照明电路平面布置图

任务描述：

图 3 - 40 所示是三室两厅家庭照明电路平面布置图的一种布置方案。本任务要求学生按要求绘制三室两厅家庭照明电路平面布置图。

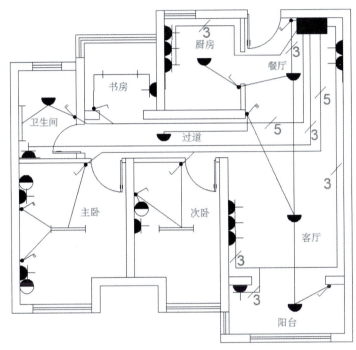

图 3 - 40 三室两厅家庭照明电路平面布置图

任务分析：

照明平面图表达的主要内容有电源进线位置，导线根数、敷设方式，灯具位置、型号及安装方式，各种用电设备的位置等。为了使房屋内部装修美观、整齐，一般电源线都采用暗线的方式布线，根据房屋的户型和各自的装修爱好及要求不同，家庭照明电路的设计布置也各种各样。在绘制该图时，要分析这些元件间的连接关系和元件的正确接线，以确定正确的作图方法和步骤。

实施步骤：

（1）新建一个空白 AutoCAD 文件。

（2）文件保存：单击文件左上角的"另存为"命令，系统弹出"图形另存为"对话框，在"文件名"文本框中输入"三室两厅家庭照明电路平面布置图.dwg"，并保存。

（3）设置图层：单击"图层特性"，系统弹出"图层特性管理器"对话框，单击"新建"按钮新建图层，新建图层分别为轴线、墙体、门窗、材料、导线、标注等图层，并设置图层特性，如图 3 - 41 所示。

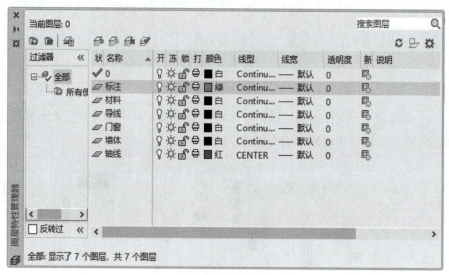

图 3-41　新建图层

(4) 绘制轴线：设置"轴线"图层为当前图层，使用"直线"和"偏移"命令绘制如图 3-42 所示的轴线。

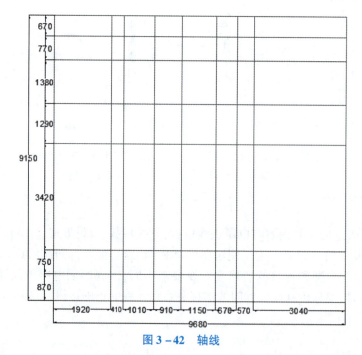

图 3-42　轴线

(5) 绘制墙体：

1) 单击编辑页面最上方的倒三角形图标 ，在弹出的窗口中单击"显示菜单栏"。

2) 把"墙体"图层置为当前。单击菜单栏中的"格式"(O)，单击"多线样式"，打开"多线样式"对话框，如图 3-43 所示。单击"修改"(M)，打开"修改多线样式"对话框，勾选"封口"选项组的直线"起点"和"端点"，如图 3-44 所示，单击"确定"按钮关闭对话框。

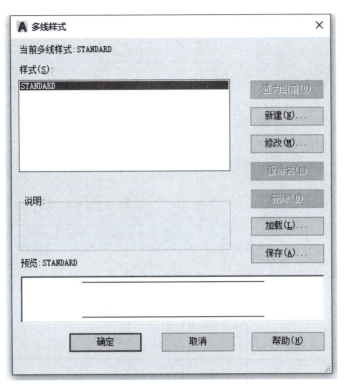

图 3-43 多线样式

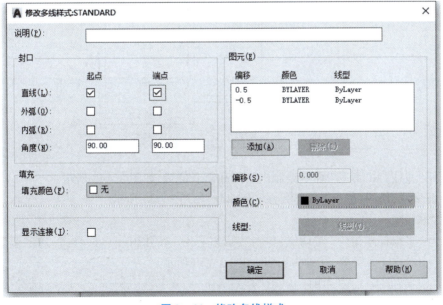

图 3-44 修改多线样式

3)单击多线命令,设置"对正 J"为无,"比例 S"为 240,捕捉轴线的一个端点开始绘制墙体,如图 3-45 所示。

4)单击多线命令,设置"对正 J"为无,"比例 S"为 120,绘制 120 mm 的墙体,如图 3-46 所示。

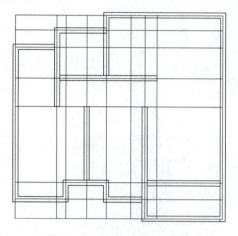   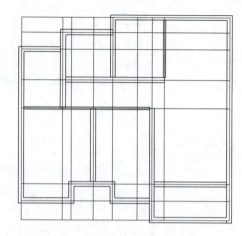

图 3-45　绘制 240 mm 墙体　　　　　图 3-46　绘制 120 mm 墙体

5) 关闭轴线层。调整墙体，使墙体各拐角处对齐，如图 3-47 所示。

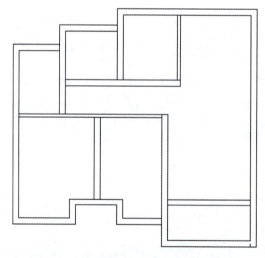

图 3-47　调整墙体

6) 使用"直线"和"偏移"命令绘制出门洞和窗洞位置，如图 3-48 所示。

7) 分解多线，使用"修剪"命令修剪多余部分，如图 3-49 所示。

(6) 绘制门窗。

1) 打开"多线样式窗户"对话框，单击"新建"按钮，新建窗户多线样式。在"新建多线样式"对话框中设置图元参数，并置为当前，如图 3-50 所示。

2) 把"门窗"图层置为当前。单击"多线"命令，设置"比例 S"为 1，绘制窗户图形，如图 3-51 所示。

3) 绘制门。使用"圆"和"矩形"命令，如图 3-52 所示，绘制一个半径为 970 mm 的圆和长为 40 mm、宽为 970 mm 的矩形。使用修剪命令修剪并补齐直线，得到如图 3-53 所示的门扇形状。按照这个方法把其他门绘制出来，如图 3-54 所示。

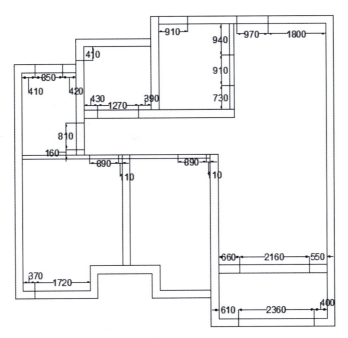

图 3-48 绘制门洞和窗洞位置

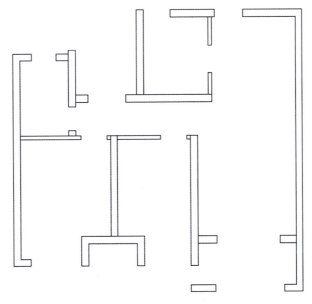

图 3-49 修剪墙体

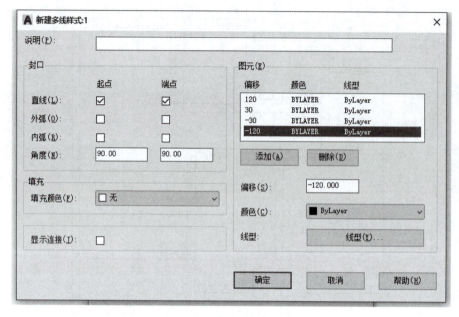

图 3-50　新建多线样式

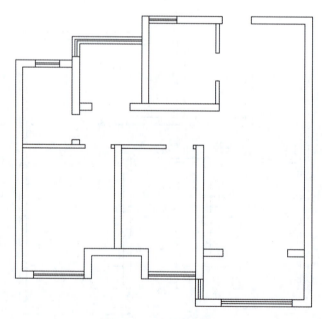

图 3-51　绘制窗户形状

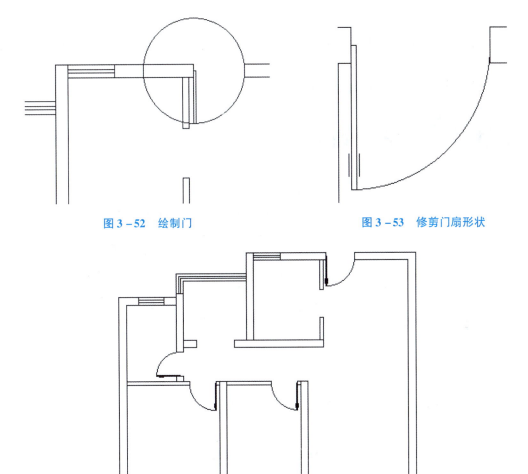

图 3-52 绘制门　　　　图 3-53 修剪门扇形状

图 3-54 完善其他门扇

(7)绘制灯具、开关、插座。

把"材料"图层置为当前。

绘制照明配电箱,使用矩形工具作一个长为 900 mm、宽为 450 mm 的矩形,矩形填充黑色,如图 3-55(a)所示。

绘制床头壁灯,使用圆工具作一个半径为 200 mm 的圆,在圆内作一条横线,填充上半圆,如图 3-55(b)所示。

绘制吸顶灯,使用圆弧作一个半径为 200 mm 的半圆,填充黑色,如图 3-55(c)所示。

绘制暗装单相带接地保护插座,复制吸顶灯的图形,旋转 180°,在圆弧的象限点上作两条相互垂直的直线,如图 3-55(d)所示。

绘制单管日光灯,使用直线命令作一条长为 600 mm 的直线,在直线的两端分别作一条长为 200 mm 的竖直线,如图 3-55(e)所示。双管日光灯是在单管日光灯的基础上加一条横直线,如图 3-55(f)所示。

绘制暗装单级开关,在命令栏上输入 do,设置圆环内径为 0,圆环外径为 100 mm,指定圆心,得到实心的圆环;在圆心上作一条角度为 45°的斜线,在向下 45°是方向做一条短斜线,如图 3-55(g)所示。暗装双级开关是在暗装单级开关的基础上加一条短斜线,如图 3-55(h)所示。暗装三级开关如图 3-55(j)所示。

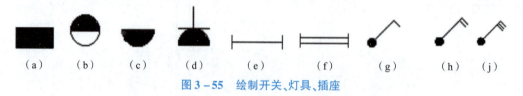

图 3-55 绘制开关、灯具、插座

(8)使用"移动""复制"等命令把灯具、开关、插座放在相应的位置,如图 3-56 所示。

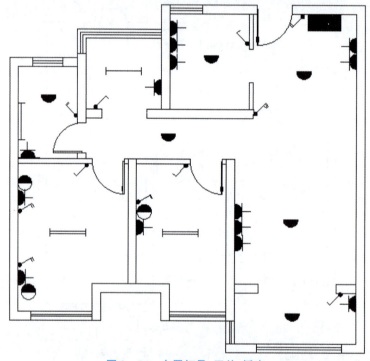

图 3-56 布置灯具、开关、插座

(9)连线。把"导线"层置为当前层,画出连接线,如图 3-57 所示。

(10)注释。把"标注"层置为当前层,标注出相应的文字,如图 3-40 所示。

知识链接:

照明器具在平面图上通常用图形符号加文字表示。为了在照明平面图上表示不同的灯具,通常是将灯具的一般符号加以变化来表示。在照明平面图中,文字标注主要是照明器具的种类、数量、功率、安装方式、安装高度等。具体的表示方式为 $a-b\frac{c\times d}{e}f$。式中,a 为同一图中统一类型的灯具数量;b 为灯具的代号;c 为灯具内灯泡或灯管的数量;d 为每个灯泡或灯管的功率;e 为灯具的安装高度;f 为安装方式代号。灯具的安装方式见表 3-1。照明图常用的照明器具的图形符号见表 3-2。

项目三 室内照明电路图的绘制

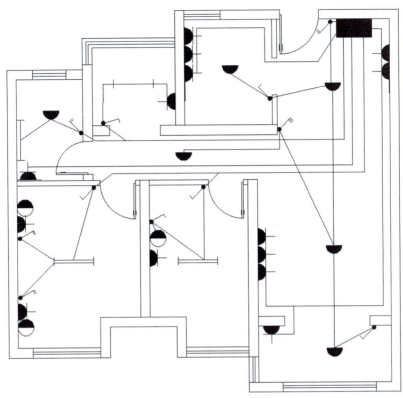

图 3-57 绘制连接导线

表 3-1 灯具的安装方式文字符号

安装方式	代号	安装方式	代号
线吊式	CP	吸顶式	S
自在器线吊式	CP	嵌入式	R
固定线吊式	CP1	顶棚内安装	CR
防水线吊式	CP2	墙壁内安装	WR
吊线器式	CP3	台上安装	T
链吊式	Ch	支架上安装	SP
管吊式	P	柱上安装	CL
壁装式	W	座装	HM

表 3-2 常用的照明器具的图形符号

变压器	∞	明装单相插座	⋏
低压配电箱	▭	暗装单相插座	⋏
事故照明配电箱	⊠	防水单相插座	⋏

续表

名称	符号	名称	符号
照明配电箱	▬	防爆单相插座	
动力配电箱	▭	明装单相带接地保护插座	
电度表	WH	暗装单相带接地保护插座	
三管日光灯		防水单相带接地保护插座	
二管日光灯		防爆单相带接地保护插座	
单管日光灯		明装三相带接地保护插座	
吸顶灯		暗装三相带接地保护插座	
壁灯		防水三相带接地保护插座	
白炽灯		防爆三相带接地保护插座	
应急照明灯		明装单极开关	
出口指示灯		明装双极开关	
断路器		明装三极开关	
熔断器的一般符号		暗装单极开关	
熔断器式开关		暗装双极开关	
消防警铃		暗装三极开关	
喇叭		拉线开关	

项目四 电气一次、二次图的绘制

■ **知识目标：**
1. 了解电气一次图、二次图的基本概念和基本知识；
2. 掌握 AutoCAD 软件的各种电气一次图、二次图的命令知识和操作命令知识；
3. 掌握工程制图中常用电气组件符号的绘制。

■ **技能目标：**
1. 能通过课内实训和课外练习，掌握电气主接线图、平面图、断面图和二次图的绘制方法及过程。
2. 能熟练使用 AutoCAD 的二维绘图命令绘制电气组件图形。
3. 能按要求绘制出符合要求和规范的工程图纸。

任务一 绘制电气主接线图

任务描述：

用规定的设备文字图形符号将各电气设备按连接顺序排列，详细表示电气设备的组成和连接关系的接线图，称为电气主接线图。本任务将介绍 110 kV 电气主接线图，如图 4 – 1 所示。

任务分析：

电气主接线图主要由母线、出线部分、主变部分、母联部分和变压器部分组成。先绘制各电气组件，再依次应用复制命令绘制各个部分即可。

实施步骤：

1. **显示面板绘图工具栏设置**

打开 AutoCAD 应用程序，在屏幕上方工具栏的空白处位置，单击鼠标右键，在"显示面板"中，确认已经勾选"绘图""修改""注释""图层""块"和"特性"，使这些工具出现在显示面板上，如图 4 – 2 所示。

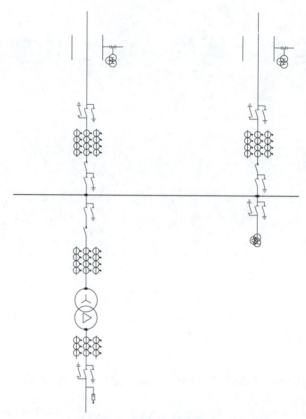

图 4-1 电气主接线图

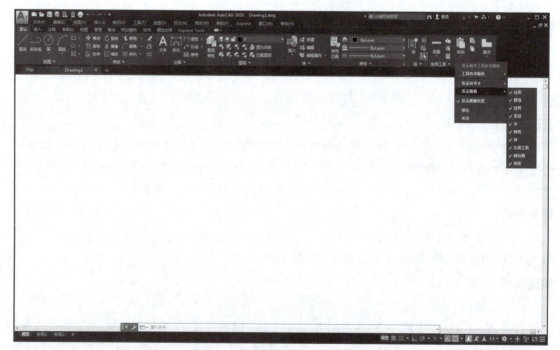

图 4-2 显示面板绘图工具栏设置

2. 新建图形文件

单击软件左上角的"A",建立新图形,另存为"110 kV 电气主接线图",如图 4-3 所示。

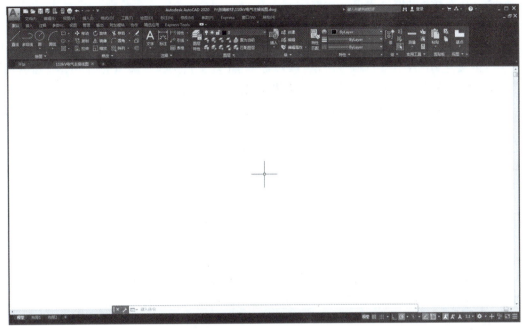

图 4-3　绘图起始状态

3. 设置图层

选择工具面板图层的下拉菜单,选择"新建图层状态",新建"电气元件符号"和"母线"两个图层,如图 4-4 所示。

图 4-4　新建图层

4. 绘制电气元件

切换至"电气元件符号"图层,依次绘制变压器、电容式电压互感器、接地符号、隔离开关、接地开关、避雷器和断路器等电气元件。

5. 绘制变压器元件符号

(1)绘制半径为 8 的圆。步骤:输入命令 c(圆),选择任意点为圆心位置,输入圆的半径 8。

(2)正交复制该半径 8 的圆。步骤:输入命令 co(复制),选择步骤(1)绘制的圆,然后选择该圆圆心,确定在正交状态下鼠标略微向下平移,输入距离 12,如图 4-5(a)所示。

(3)以上圆心为起点,使用直线工具,向上绘制一条长度为 4 的直线,如图 4-5(b)所示。

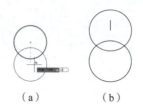

图 4-5 绘制复制圆(a)和绘制直线(b)

(4)以阵列形式绘制三条环形等分线段。步骤:单击工具修改栏的阵列工具下拉菜单,选择"环形阵列",选择步骤(3)的直线作为对象,以上面圆的圆心为中心点,在项目数输入 3 并确定,如图 4-6 所示。

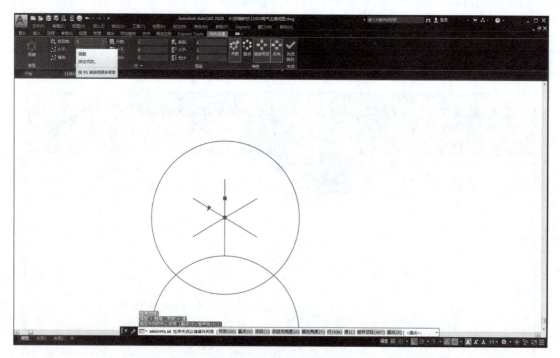

图 4-6 环形阵列直线

(5)绘制半径为 4 的正三角形。步骤:单击工具绘图栏的多边形的下拉菜单,输入边数 3,捕捉下圆的圆心为正多边形中心,输入 I(内接于圆),输入半径 4。完成后如图 4-7 所示。

图 4-7 绘制正三角形

(6)正交三角形旋转270°。步骤:单击工具修改栏的旋转图标,选择正三角形为对象,下圆的圆心为中心,输入旋转的角度270°,至此,变压器符号绘制完成,如图4-8所示。

图 4-8 变压器符号

6. 绘制电容式电压互感器符号

(1)绘制 1 条长度为 2 的直线。步骤:单击直线图标 ∕,输入长度 2。

(2)偏移 4 条同样的直线。步骤:选择修改工具栏"偏移"图标 ⊂,输入偏移距离 1,选择步骤(1)的直线为对象,选择偏移方向为右侧正交。同样的方法操作 4 次,绘制完成后如图 4-9 所示。

图 4-9 绘制平行线

(3)绘制直线并与之相交。步骤:单击直线图标 ∕,绘制一条长为 14 的水平直线,并通过捕捉以及移动,使该直线中点与中间的竖直线的中点相交,如图 4-10 所示。

图 4-10 绘制直线

(4)删除图 4-10 中最中间的竖直线,再使用 tr(修剪),对左、右两组竖直线间的线段进行修剪,修剪后如图 4-11 所示。

图 4-11 删除、修剪

(5)使用直线工具绘制一条长为 5 的竖直线,再使用圆工具绘制 2 个半径为 2.5 的圆,上、下圆的平移距离输入 3.75(圆的绘制方法参见变压器符号的绘制),如图 4-12 所示。

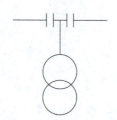

图 4-12 绘制直线、圆

(6)使用直线工具在两个圆内绘制水平线,以该水平线中点为圆心,使用圆工具绘制一个半径为 2.5 的圆,如图 4-13 所示。

图 4-13 绘制水平线、圆

(7)使用移动工具将新绘制的圆向左移动 2.5,删除水平线,如图 4-14 所示。

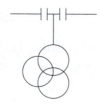

图 4-14 移动圆、删除线

(8)使用直线工具在圆内绘制 3 条长度为 2 的水平直线,至此,单相电容式电压互感器的符号绘制完成,如图 4-15 所示。

图 4-15 绘制直线

(9)参考前述步骤(6)和(7),绘制 3 个半径为 2.5 的圆,如图 4-16 所示。

图 4-16 绘制圆

(10)使用直线工具和阵列下拉菜单中的环形阵列工具,在圆内绘制两个星形接线符号,其直线长度为 2,环形阵列数量为 3,如图 4-17 所示。

图 4-17　绘制星形接线符号

（11）以左圆的圆心为中心，使用正多边形工具绘制一个半径为 2 的内接正三角形，如图 4-18 所示。

图 4-18　绘制三角形

（12）以三角形所在圆的圆心为中心，使用旋转工具将三角形旋转 90°。使用直线工具和剪切工具将三角形修剪成开口三角形。至此，三相电容式电压互感器的符号绘制完成，如图 4-19 所示。

图 4-19　绘制三相电容式电压互感器

7. 绘制接地符号

（1）利用直线工具绘制一条长为 1 的竖直线。

（2）利用正多边形工具绘制一个边长为 3 的正三角形（命令：_polygon，输入边数 3；输入命令 e，指定第一个端点；输入长度 3，指定第二个端点），使用镜像工具将正三角形向下翻转，并将正三角形的最上方边的中点与竖直线的端点相交，如图 4-20 所示。

图 4-20　绘制直线、正三角形

（3）绘制一条长度为 3 的水平线，让其与图 4-20 中的正三角形最上方的边重合。选中该水平线，使用偏移命令，在其下侧再绘制 2 条长度为 3 的水平线，偏移间隔为 1，完成后如图 4-21 所示。

图 4-21　绘制水平线

(4)使用修剪工具修剪图形,最后删除辅助作图的正三角形,至此,完成接地符号的绘制,如图 4-22 所示。

图 4-22　接地符号

8. 绘制隔离开关

(1)利用直线工具,先绘制两条长为 9 的竖直线(重合),利用竖直线旋转绘制斜线(向左旋转18°),斜线向上移动1,然后在距离直线上顶点3的位置绘制一条垂线和斜线相交,剪切后得出如图 4-23 所示。

图 4-23　绘制竖直线、斜线和水平线

(2)使用移动工具移动水平短线,基点为该直线的中点,目标点为该直线的右端点(或垂足),如图 4-24 所示。

图 4-24　移动水平短线

(3)使用修剪工具对图形进行修整,至此,隔离开关符号绘制完成,如图 4-25 所示。

图 4-25　隔离开关符号

9. 绘制断路器符号

(1)复制隔离开关符号。
(2)旋转复制后的隔离开关符号上的短横线,基点为交点,旋转45°。
(3)镜像旋转后得到短斜线。
至此,断路器符号绘制完成,如图 4-26 所示。

图 4-26　断路器符号

10. 绘制避雷器符号

(1) 使用绘图工具栏多边形下拉菜单中的矩形工具绘制一个长为 2、宽为 4 的矩形。

(2) 使用多段线工具绘制一个竖直的箭头,如图 4-27(a) 所示。

(3) 在图 4-27(a) 下方加一个接地符号。

至此,避雷器符号绘制完成,如图 4-27(b) 所示。

图 4-27 绘制矩形、箭头

11. 绘制电流互感器符号

使用圆工具、直线工具绘制电流互感器,如图 4-28 所示。

图 4-28 电流互感器符号

至此,电气主接线图中需要使用的电气元件符号绘制完成。

12. 绘制一条母线

切换至"母线"图层,利用直线工具绘制一条母线,长度为 200。

13. 绘制主变进线间隔部分

切换到图层 0,绘制主变进线间隔部分,如图 4-29 所示。

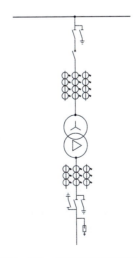

图 4-29 主变进线间隔部分

14. 绘制出线间隔部分(图 4-30)

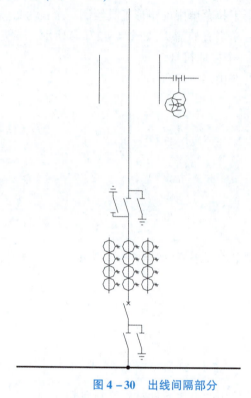

图 4-30 出线间隔部分

15. 绘制电压互感器间隔部分(图 4-31)

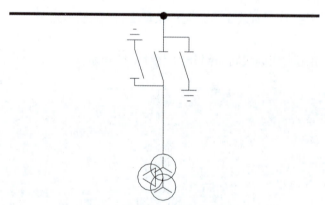

图 4-31 电压互感器间隔部分

16. 电气主接线图绘制完成(图 4-1)

知识链接：

电气主接线是变电站电气部分的主体,是电力系统中电能传递通道的重要组成部分之一,它主要由一次电气设备按照预期的生产流程所连成的接受和分配电能的回路,其连接方式的确定对电力系统整体以及变电站本身的供电可靠性、运行灵活性、检修方便与否和经济合理性起着决定性作用。同时,也对变电站电气设备的选择、配电装置的配置、继电保护和控制方式的拟定有着很大的影响。

一、对主接线的基本要求

(1)可靠性:根据用电负荷的等级,保证在各种运行方式下提高供电的连续性,力求可靠供电。

(2)灵活性:主接线应力求简单、明显,没有多余的电气设备;投入或切除某些设备或线路的操作方便。

(3)安全性:保证在进行一切操作的切换时工作人员和设备的安全,以及能在安全条件下进行维护检修工作。

(4)经济性:应使主接线的初投资与运行费用达到经济合理。

二、主接线中对电气设备的简介

(1)高压断路器 QF:既能切除正常负载,又能排除短路故障。

主要任务:①在正常情况下开断和关合负载电流,分、合电路;②当电力系统发生故障时,切除故障;③配合自动重合闸多次关合或开断电路。

(2)负荷开关 QL:只具有简单的灭弧装置,其灭弧能力有限,仅能熄灭断开负荷电流即过负荷电流产生时的电弧,而不能熄灭短路时产生的电流。

特点:在断开后有可见的断开点。

(3)隔离开关 QS:一把耐高压的刀开关,没有特殊的灭弧装置,一般只用来隔离电压,不能用来切断或接通负荷电流。

特点:在分闸状态时有明显可见的断口,使运行人员能明确区分电气是否与电网断开。用途:①隔离高压电压,将需要检修的部分与带电部分可靠地隔离,形成明显的断点,确保操作人员和电气设备的安全。②在断口两端电位接近相等的情况下,倒换母线,改变接线方式。③接通或断开小电流电路。

(4)高压熔断器 FU:熔断器在短路或过负荷时,能利用熔丝的熔断来断开电路,但在正常工作时不能用它来切断和接通电路。

(5)电压互感器 TV:在使用中二次侧不允许短路。按结构形式,分为单相、三相、三芯柱、三相五芯柱。

(6)电流互感器 TA:将电路中流过的大电流变换成小电流,供给测量仪表和继电器的电流线圈,以便用小电流的测量仪表测量大电流,并与一次系统的高电压隔离,保证设备和人身安全。

特点:工作时,二次侧决不允许开路。

(7)电容器 C:可以抵消感性负载产生的无功部分,在牵引变电所中安装电容器可以改善功率因数。

(8)电抗器 L:

作用:①限制电容器投入时的合闸涌流;②降低断路器分闸时电弧重燃的可能性;③防止并联补偿装置与电力系统发生高次谐波;④限制故障时的短路电流;⑤与电容器组成滤波回路,感抗容抗比取 0.12~0.14,主要用来滤三次谐波。

(9)避雷器 F:用来限制过电压的一种主要保护电器。主要形式:放电间隙、阀型避雷器、管型避雷器、压敏避雷器。

三、电气主接线的基本形式(图 4-32)

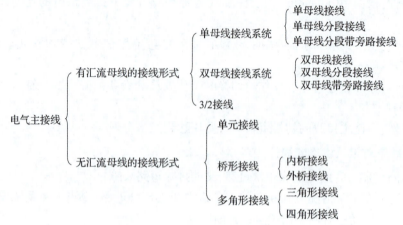

图 4-32　电气主接线的基本形式

四、不同形式的主接线的优缺点

1. 单母线接线

在整个配电装置中只设一组母线,将各个电源的电能汇集后再分配到各引出线。

优点:接线简单清晰,设备少,操作方便,便于扩建和采用成套配电装置。

缺点:不够灵活可靠,任一元件(母线或母线隔离开关等)故障时检修,均需使整个配电装置停电,单母线可用隔离开关分段,但当一段母线故障时,全部回路仍需短时停电,在用隔离开关将故障的母线段分开后,才能恢复非故障母线的供电。

适用范围:6~10 kV 配电装置中的出线回路数不超过 5 回;35~63 kV 配电装置出线回路数不超过 3 回;110~220 kV 配电装置的出线回路数不超过 2 回。

2. 单母线分段接线

利用分段开关 QF(或 QS),将单母线分为两段,把电源及出线平均分配于两端母线的接线方式。

优点:用断路器把母线分段后,对重要用户可以从不同段引出两个回路,有两个电源供电。当一段母线发生故障时,分段断路器自动将故障切除,保证正常段母线不间断供电和不致使重要用户停电。

缺点:当一段母线或母线隔离开关故障或检修时,该段母线的回路都要在检修期间内停电。当出线为双回路时,常使架空线路出现交叉跨越。扩建时,需向两个方向均衡扩建。

适用范围:6~10 kV 配电装置出线回路数为 6 回及以上时;35 kV 配电装置出线回路数为 4~8 回时;110~220 kV 配电装置出线回路数为 3~4 回时。

3. 单母分段带旁路接线

这种接线方式在进出线不多、容量不大的中小型电压等级为 35~110 kV 的变电所较为实用,具有足够的可靠性和灵活性。

4. 桥形接线

(1)内桥形接线。

优点:高压断器数量少,四个回路只需三台断路器。

缺点:变压器的切除和投入较复杂,需动作两台断路器,影响一回线路的暂时停运;桥连断路器检修时,两个回路需解列运行;出线断路器检修时,线路需较长时期停运。

适用范围:适用于较小容量的发电厂、变电所,并且变压器不经常切换或线路较长,故障率较高的情况。

(2)外桥形接线。

优点:高压断路器数量少,四个回路只需三台断路器。

缺点:线路的切除和投入较复杂,需动作两台断路器,并有一台变压器暂时停运。高压侧断路器检修时,变压器较长时期停运。

适用范围:适用于较小容量的发电厂、变电所,并且变压器的切换较频繁或线路较短,故障率较少的情况。

5. 双母线接线

双母线接线具有两组母线,一组为工作母线,另一组为备用母线。在两组母线之间,通过母线联络断路器进行连接。每回线路都通过一台断路器、两组隔离开关分别连接到两组母线上。

优点:

(1)供电可靠,可以轮流检修一组母线而不致使供电中断;一组母线故障时,能迅速恢复供电;检修任一回路的母线隔离开关,只停该回路。

(2)调度灵活。各个电源和各回路负荷可以任意分配到某一组母线上,能灵活地适应系统中各种运行方式调度和潮流变化的需要。

(3)扩建方便。向双母线的左、右任何一个方向扩建,均不影响两组母线的电源和负荷均匀分配,不会引起原有回路的停电。

(4)便于试验。当个别回路需要单独进行试验时,可将该回路分开,单独接至一组母线上。

缺点:

(1)增加一组母线和使每回线路需要增加一组母线隔离开关。

(2)当母线故障或检修时,隔离开关作为倒换操作电器,容易误操作。为了避免隔离开关误操作,需在隔离开关和断路器之间装设连锁装置。适用范围:6~10 kV 配电装置,当短路电流较大,出线需要带电抗器时;35 kV 配电装置,当出线回路数超过 8 回时,或连接的电源较多、负荷较大时;110~220 kV 配电装置,出线回路数为 5 回及以上时,或 110~220 kV 配电装置在系统中占重要地位,出线回路数为 4 回及以上时。

6. 双母线分段接线

双母线分段可以分段运行,系统构成方式的自由度大,两个元件可完全分别接到不同的母线上,对大容量且相互联系的系统是有利的。由于这种母线接线方式是常用传统技术的一种延伸,因此,在继电保护方式和操作运行方面都不会发生问题,而较容易实现分阶段的扩建优点。但容易受到母线故障的影响,断路器检修时需要停运线路。占地面积较大。一般当连接的进出线回路数在 11 回及以下时,母线不分段。

任务二　绘制电气总平面布置图

任务描述：

电气总平面布置图表示的是从高处俯视整个配电装置的各间隔的平面布置轮廓，其主要由设备符号、连线及标注构成，各设备可以只绘出其示意符号，而不必完全按其真实尺寸及形状绘制。本任务将介绍 110 kV 电气总平面布置图，如图 4 – 33 所示。

任务分析：

对于电气总平面布置图，先设置合适的图层，再对页面进行布局，绘制各个设备符号，如隔离开关、断路器、变压器等，再从上到下一步步绘制各个部分即可。

实施步骤：

1. 设置绘图环境

打开 AutoCAD 应用程序，以"A3"样板文件为模板，建立新文件，将新文件名命名为"110 kV 电气总平面布置图"并保存。

2. 设置图层

步骤：执行"格式"→"图层"命令，打开"图层"对话框，设置"定位线""设备符号"和"架构"三个图层。

3. 切换至"定位线"图层

4. 页面布局

(1) 在"定位线"层画构造线，以偏移方式确定各部分图形要素的位置。为了减少构造线对绘制设备图形的影响，利用修剪命令对构造线进行初步修剪，水平、垂直构造线的偏移距离如图 4 – 34 所示。

(2) 为方便定位各设备的位置，宜预先进行尺寸标注。使用标注样式管理器新建一个标注样式，其参数为：文字的垂直位置修改为"上方"；标注特征比例修改为 250。

5. 绘制架构

(1) 将"架构"设为当前图层，使用矩形工具绘制一个长为 1.2、宽为 6.4 的矩形，然后以矩形长边的中点为圆心，使用圆工具绘制两个半径为 0.6 的圆，使用修剪工具删除矩形长边，如图 4 – 35 所示。

(2) 利用复制工具，以图 4 – 36 中的圆心和长边的中点为基点，将图 4 – 36 复制到图 4 – 33 定位线的构架交点位置，如图 4 – 36 所示，出线构架已被定位。母线构架、主变构架如上操作。

(3) 使用直线工具连接矩形，并利用修剪工具删除多余的线段。两条直线之间相隔 1.2。构架绘制完成，如图 4 – 37 所示。

6. 绘制电流互感器符号

(1) 将"设备符号"设为当前图层。

(2) 使用直线工具绘制一条长为 3.2 的竖直线。

(3) 使用圆工具以直线两端为圆心绘制 2 个半径为 0.4 的圆，以直线中点为圆心绘制 1 个半径为 1.2 的圆，如图 4 – 38 所示。

项目四 电气一次、二次图的绘制

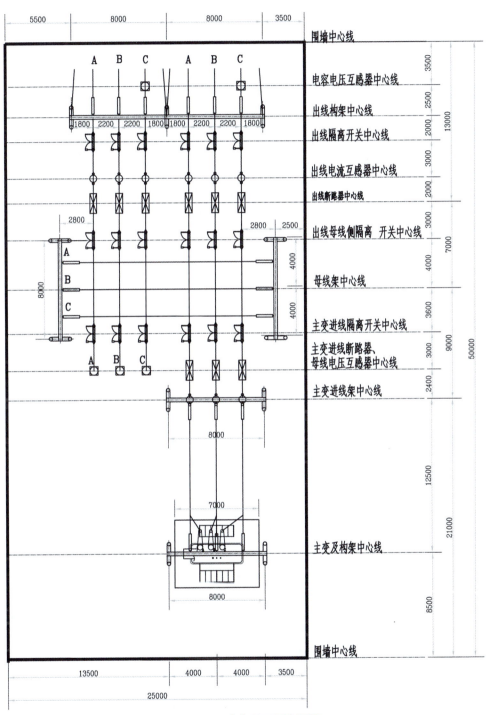

图 4-33 电气总平面布置图

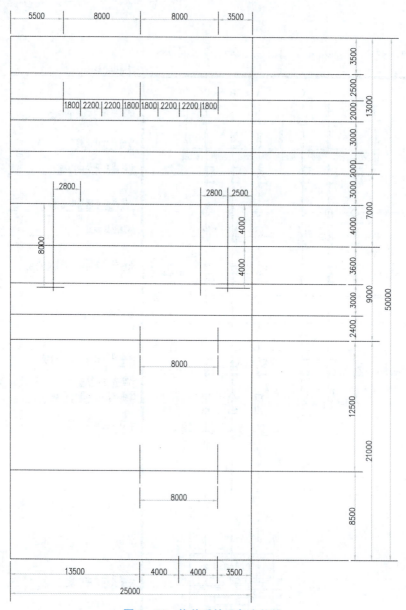

图 4-34 修剪后的设备定位线

图 4-35 绘制矩形、圆

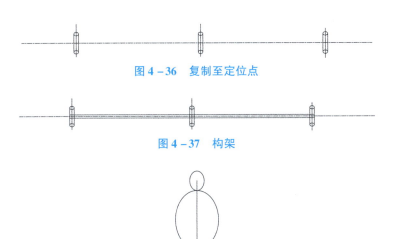

图4-36 复制至定位点

图4-37 构架

图4-38 绘制直线、圆

(4)删除直线,使用修改工具栏阵列下拉菜单的矩形阵列工具对图4-39进行阵列操作(列数为3,介于值输入8.8,行数为1)。电流互感器符号绘制完毕,如图4-39所示。

图4-39 电流互感器

(5)利用复制工具,将绘制的电流互感器复制至相应的定位点上。

7. 绘制断路器符号

(1)使用矩形工具绘制一个长为2.3、宽为6.4的矩形。
(2)使用直线工具绘制两条矩形对角线。
(3)使用阵列工具对图4-40进行阵列操作(列数为3,介于值输入8.8,行数为1)。断路器符号绘制完毕,如图4-40所示。

图4-40 断路器

8. 绘制电压互感器符号

(1)使用圆工具绘制半径为1.4的圆。
(2)以圆的圆心为中心,使用正多边形工具绘制一个半径为1.4的外切正三角形。

(3)使用阵列工具对图 4-41 进行阵列操作(列数为 3,介于值输入 8.8,行数为 1)。电压互感器符号绘制完毕,如图 4-41 所示。

图 4-41 电压互感器

9. 绘制绝缘子串符号

(1)使用矩形工具绘制一个长为 0.8、宽为 5.4 的矩形。

(2)使用阵列工具对图 4-42 进行阵列操作(列数为 3,介于值输入 8.8,行数为 1)。绝缘子串符号绘制完毕,如图 4-42 所示。

图 4-42 绝缘子串

10. 绘制隔离开关符号

(1)将"定位线"置为当前图层,使用直线工具,建立任意长度十字虚线。

(2)选定水平方向的虚线,使用偏移工具,在水平方向的上下两侧分别绘制两条虚线,偏移值为 2.5,如图 4-43 所示。

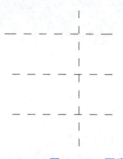

图 4-43 隔离开关轴线

(3)将"设备符号"设为当前图层,在竖直轴线上绘制一条细实线。

(4)选定竖直方向的细实线,使用偏移工具,在竖直轴线的左、右两侧分别偏移两条竖直细实线,偏移值为 0.35,删除轴线上的细实线,如图 4-44 所示。

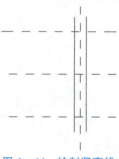

图 4-44 绘制竖直线

(5) 使用圆工具,以上轴线的十字交点为圆心分别作三个圆:圆1、圆2、圆3。圆的半径分别为 $R_1=0.2$,$R_2=0.36$,$R_3=0.5$,如图4-45所示。

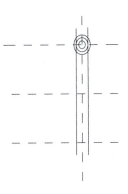

图4-45　绘制圆

(6) 使用矩形工具绘制一个长为0.3、宽为0.7的矩形。使用移动工具将矩形底边的中点移动到圆1的圆心处,如图4-46所示。

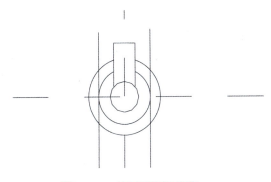

图4-46　绘制矩形和位移

(7) 使用修剪工具,修剪圆1内的矩形部分以及矩形中间的圆2和圆3部分,如图4-47所示。

图4-47　修剪圆和矩形

(8) 使用镜像工具,选中上面绘制的圆和直线,以中水平轴线的左端点为镜像线的第一点,以中水平轴线的右端点为镜像线的第二点,并且选择不删除源对象(N)。将图4-48中的圆和直线镜像至下水平轴线上,如图4-48所示。

(9) 使用修剪工具,将两条竖直方向的细直线只保留两个图形中间的部分,修剪完以后如图4-49所示。

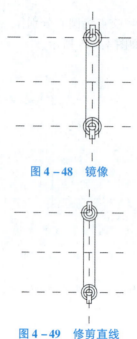

图 4-48 镜像

图 4-49 修剪直线

(10) 以上水平轴线的十字叉心为起点向左作一条长为 2.5 的细实线,完成后将该细实线向上偏移 0.05。使用镜像工具,选定长为 2.5 的细实线为对象,上水平轴线的左、右两端分别为镜像线的第一点、第二点,并且选择"不删除源对象(N)",如图 4-50 所示。

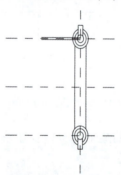

图 4-50 绘制直线

(11) 将长为 2.5 的两条细实线的左端点连接,作一条辅助线。辅助线与上轴线的交点为圆心作圆 4,$R_5 = 0.12$,删除辅助线,如图 4-51 所示。

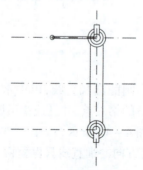

图 4-51 删除辅助线

(12)选择"修剪"指令,以圆 1 和圆 4 为目标,修剪长为 2.5 的细实线,将细实线延伸进圆内的部分修剪,修剪后如图 4-52 所示。

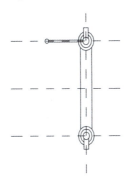

图 4-52 绘制圆和修剪直线

(13)以上水平轴线的十字叉心为起点向左作一条长为 1.82 的细实线,完成后将该细实线向上偏移 0.05。使用镜像工具,选定长为 1.82 的细实线为对象,上水平轴线的左、右两端分别为镜像线的第一点、第二点,并且选择"不删除源对象(N)",如图 4-53 所示。

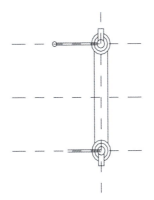

图 4-53 绘制靠近下水平轴线的直线

(14)选择"修剪"指令,以下方的圆 1 为目标,修剪长为 1.82 的 2 根细实线,将细实线延伸进圆 1 内的部分修剪,如图 4-54 所示。

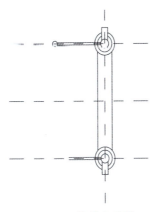

图 4-54 修剪细实线

(15) 使用矩形工具，绘制一个长为 0.08、宽为 0.16 的小矩形以及一个长为 0.72、宽为 0.48 的大矩形，将两个矩形按图 4-55 所示定位好。

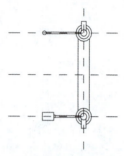

图 4-55 绘制矩形

(16) 使用圆弧工具，输入"C"（圆心），选择上水平轴线的十字叉心为圆心，选择上轴线与圆 4 的交点为圆弧的起点，输入"A"（角度），输入"90"，如图 4-56 所示。

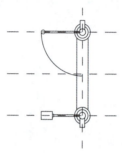

图 4-56 绘制圆弧

(17) 选择"圆弧"指令，输入"C"（圆心），选择下水平轴线的十字叉心为圆心，选择下轴线与大矩形的交点为圆弧的起点，输入"A"（角度），输入"-90"，如图 4-57 所示。相关图形尺寸也标注在上方。

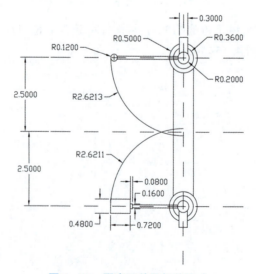

图 4-57 隔离开关及相关尺寸

(18)全选绘制完成的图形(除了轴线),选择"创建块"指令,在名称处键入"隔离开关",单击"确定"按钮,隔离开关绘制完成,绘制完成以后如图4-58所示。

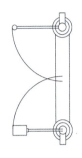

图4-58 隔离开关

11. 绘制变压器符号

(1)使用矩形工具绘制变压器油池外框线,矩形1长为28、宽为22。在矩形1内距离上边7.5、下边7.5;同时,距离左边5、右边5绘制一个长18、宽7的矩形2。使用偏移工具,设定向矩形2内偏移的距离为0.4,在矩形2内侧偏移出一个矩形3,如图4-59所示。

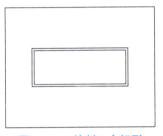

图4-59 绘制3个矩形

(2)使用圆角工具,输入 R,输入0.8,将矩形2的四个直角转换为圆角。使用圆角工具,输入 R,输入0.72,将矩形3的四个直角转换为圆角,如图4-60所示。

图4-60 将直角变成圆角

(3)使用直线工具,在矩形2的长边长的中点处绘制一条长度为6的直线,使用移动工具将该直线向左移动6。

(4)使用阵列工具,在阵列指令窗口选择矩形阵列,设置1行7列,设置列偏移值为2,选择对象为上个步骤长度为6的直线,如图4-61所示。

(5)使用直线工具,将7条直线的下方用直线连接起来。使用偏移工具,偏移距离设置为3.6,并以该直线为偏移对象,向上偏移作另一条直线,如图4-62所示。

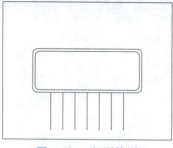

图 4-61 矩形阵列

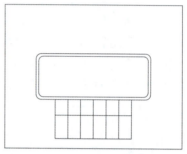

图 4-62 绘制直线

（6）使用修剪工具，修剪图 4-63 所示阵列中的直线，如图 4-63 所示。

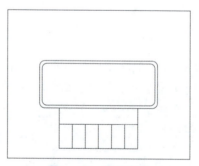

图 4-63 修剪直线

（7）使用镜像工具，将矩形 2 和矩形 1 中间的图形镜像至矩形 2 的上方，如图 4-64 所示。

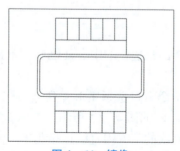

图 4-64 镜像

(8)使用直线工具,在矩形 3 的上长边上绘制一条直线。使用移动工具,将该直线向下偏移 1。使用延伸工具,将镜像的 4 条竖直线延伸至该直线上,如图 4-65 所示。

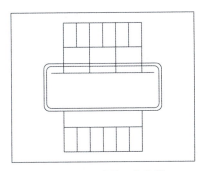

图 4-65　绘制一条直线

(9)使用直线工具绘制一条长度为 12 的直线,使用移动工具将该直线中点移动至上阵列中间竖直线的中点上。

(10)使用圆工具,以 A、B、C 点为圆心分别作圆,其中圆的半径为 0.9。以 a、b、c 点为圆心分别作圆,其中圆的半径为 0.5,如图 4-66 所示。

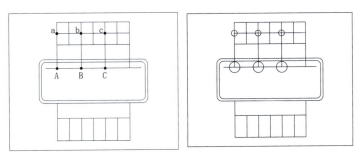

图 4-66　绘制 6 个圆

(11)使用修剪工具和删除工具,删除多余的线段。使用直线工具,连接上、下圆的外切线,共 8 条切线,如图 4-67 所示。

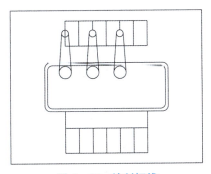

图 4-67　绘制切线

(12)使用圆工具和填充工具,在矩形 3 内绘制 3 个实心圆,圆的半径为 0.3,圆心的间距为 2,如图 4-68 所示。

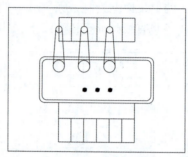

图 4-68 绘制实心圆

(13)使用矩形工具,绘制一个长为 5、宽为 3 的矩形。将其移动至如图 6-69 所示位置。

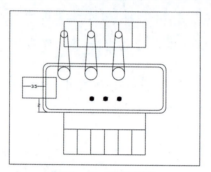

图 4-69 绘制矩形

(14)使用圆弧工具,绘制 2 条短圆弧,如图 4-70 所示。

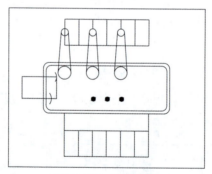

图 4-70 绘制圆弧

(15)使用剪切工具,删除多余的线条。至此,变压器符号绘制完成,如图 4-71 所示。

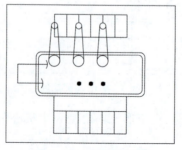

图 4-71 变压器符号

（16）放置设备符号至此，设备符号绘制完成。利用复制工具、旋转工具、修剪工具，将绘制的电流互感器、电压互感器、断路器、避雷器、隔离开关、变压器复制至相应的定位点上，如图4-72所示。

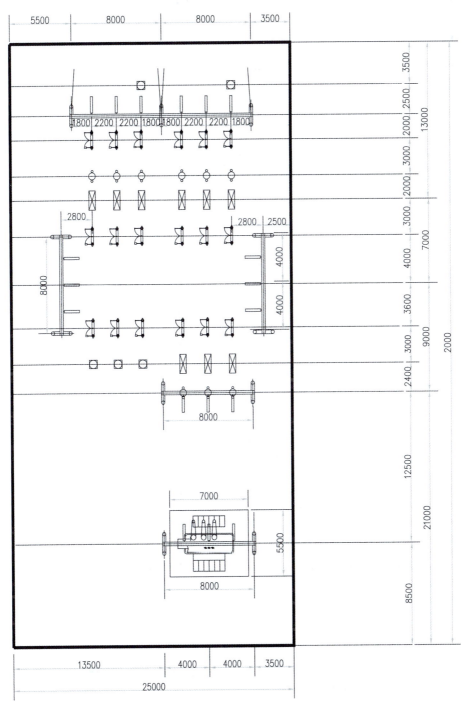

图4-72　放置设备符号

(17) 绘制导线，使用直线工具将导线与设备连接起来，如图 4-73 所示。

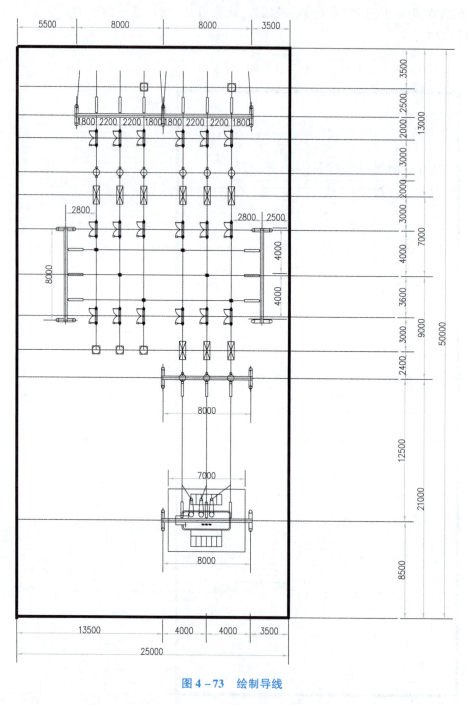

图 4-73　绘制导线

(18) 绘制完成后，使用文字工具将中心线上的文字标识出来，字体高度为 4。至此，电气总平面布置图绘制完成，如图 4-73 所示。

项目四　电气一次、二次图的绘制

知识链接：

一、配电装置的作用和分类

1. 配电装置的作用

配电装置：根据电气主接线的接线方式，由开关设备、母线装置、保护和测量电器、必要的辅助设备等构成，按照一定技术要求建造而成的特殊电工建筑物，称为配电装置。

配电装置的作用：正常运行时进行电能的传输和再分配，故障情况下迅速切除故障部分并恢复运行。

2. 配电装置的类型

按电气设备安装地点，可分为屋内配电装置和屋外配电装置。

按组装方式，可分为装配式配电装置和成套式配电装置。

按电压等级，可分为低压配电装置(1 kV 以下)、高压配电装置(1~220 kV)、超高压配电装置(330~750 kV)、特高压配电装置(1 000 kV 和直流 ±800 kV)。

二、配电装置的基本要求

安全：设备布置合理清晰，采取必要的保护措施。

可靠：设备选择合理、故障率低、影响范围小，满足对设备和人身的安全距离。

方便：设备布置便于集中操作，便于检修、巡视。

经济：在保证技术要求的前提下，合理布置、节省用地、节省材料、减少投资。

发展：预留备用间隔、备用容量，便于扩建和安装。

三、配电装置的有关术语和图

1. 安全净距

配电装置各部分之间，为了满足配电装置运行和检修的需要，确保人身和设备的安全所必需的最小电气距离，称为安全净距。在这一距离下，无论是在正常最高工作电压还是在出现内、外过电压时，都不致使空气间隙击穿。

我国《高压配电装置设计技术规程》规定的屋内、屋外配电装置各有关部分之间的最小安全净距，可分为 A、B、C、D、E 五类。

2. 间隔

间隔是指一个完整的电气连接，其大体上对应主接线图中的接线单元，以主设备为主，加上附属设备组成的一整套电气设备(包括断路器、隔离开关、TA、TV、端子箱等)。

在发电厂或变电站内，间隔是配电装置中最小的组成部分，根据不同设备的连接所发挥的功能不同，有主变间隔、母线设备间隔、母联间隔、出线间隔等。

3. 层

层是指设备布置位置的层次。配电装置有单层、两层、三层布置。

4. 列

一个间隔断路器的排列次序。配电装置有单列式布置、双列式布置、三列式布置。双列式布置是指该配电装置纵向布置有两组断路器及附属设备。

5. 通道

为便于设备的操作、检修和搬运，配电装置在布置时设置了维护通道(用来维护和搬运各种电器的通道)、操作通道(设有断路器(或隔离开关)的操纵机构、就地控制屏)、防爆通道(和防爆小室相通)。

6. 配电装置图

平面图:按照配电装置的比例进行绘制,并标出尺寸;图中标出房屋轮廓、配电装置间隔的位置与数量、各种通道与出口、电缆沟等。平面图上的间隔不标出其中所装设备。

断面图:按照配电装置的比例进行绘制,用于校验其各部分的安全净距(成套配电装置内部除外);图中表示配电装置典型间隔的剖面,表明间隔中各设备具体的布置以及相互之间的联系。

配置图:是一种示意图,可不按照比例进行绘制,主要用于了解整个配电装置中设备的布置、数量、内容;对应平面图的实际情况,图中标出各间隔的序号与名称、设备在各间隔内布置的轮廓、进出线的方式与方向、通道名称等。

四、屋外配电装置的特点

屋外配电装置:将电气设备安装在露天场地基础、支架、或构架上的配电装置。一般多用于 110 kV 及以上电压等级的配电装置。

特点:土建工作量和费用较小,建设周期短;扩建比较方便;相邻设备之间距离较大,便于带电作业;占地面积大;受外界环境影响,设备运行条件较差,需加强绝缘;不良气候对设备维修和操作有影响。

五、屋外配电装置的布置要求

1. 母线及构架

屋外配电装置的母线有软母线和硬母线两种。软母线三相呈水平布置,用悬式绝缘子悬挂在母线构架上。硬母线一般采用柱式绝缘子,安装在支柱上。

屋外配电装置的构架,可由型钢或钢筋混凝土制成。以钢筋混凝土环形杆和镀锌钢梁组成的构架,在 220 kV 及以下的各类配电装置中广泛采用。

2. 电力变压器

变压器基础一般做成双梁并铺以铁轨,轨距等于变压器的滚轮中心距。单个油箱油量超过 1 000 kg 以上的变压器,按照防火要求,在设备下面需设置贮油池或挡油墙,其尺寸应比设备外廓大 1 m,贮油池内一般铺设厚度不小于 0.25 m 的卵石层。

汽机房、屋内配电装置楼、主控制楼、网络控制楼与变压器的间距不宜小于 10 m;当其间距小于 10 m 时,汽机房、屋内配电装置楼、主控制楼、网络控制楼与变压器的外墙不应开设门窗、洞口或采取其他防火措施。当变压器油重超过 2 500 kg 以上时,两台变压器之间的防火净距不应小于 5~10 m,如布置有困难,应设防火墙。

3. 电气设备的布置

(1)断路器。按照断路器在配电装置中所占据的位置,可分为单列(断路器集中布置在主母线的一侧)、双列(断路器布置在主母线两侧)和三列(断路器在进出线方向均呈三列布置)布置。

断路器有低式(断路器放在 0.5~1 m 的混凝土基础上)和高式(断路器安装在约高 2 m 的混凝土基础上,操动机构装在相应的基础上)两种布置。

(2)隔离开关和互感器。均采用高式布置,其要求与断路器相同。隔离开关的手动操动机构装在其靠边一相一定高度的基础上。每段母线应装设 1~2 组接地闸刀;断路器的两侧的隔离开关和线路隔离开关的线路侧,应装设接地开关。

(3)避雷器。有高式和低式两种布置。110 kV 及以上的阀型避雷器多采用落地布置,安装在 0.4 m 的基础上,四周加围栏。磁吹避雷器及 35 kV 的阀型避雷器形体矮小,稳定度较好,一般采用高式布置在 110～500 kV 的中性点有效接地电力系统中,金属氧化避雷器一般采用高式布置。

(4)电缆沟。电缆沟按其布置方向,可分为纵向和横向电缆沟。一般横向电缆沟布置在断路器和隔离开关之间,大型变电站的纵向电缆沟,因电缆数量较多,一般分为两路。

(5)其他。大、中型变电站内一般均应设置 3 m 的环形道路,还应设置宽 0.8～1 m 的巡视小道,以便运行人员巡视电气设备。运输设备和屋外电气设备外绝缘体最低部分距地小于 2.5 m,应设固定遮拦。带电设备的上、下方不能有照明、通信和信号线路跨越和穿过。

六、屋内配电装置的特点

屋内配电装置是将电气设备和载流导体安装在屋内,避开大气污染和恶劣气候的影响,其特点是:

(1)由于允许安全净距小而且可以分层布置,因此占地面积较小。

(2)维修、巡视和操作在室内进行,不受气候的影响。

(3)外界污秽的空气对电气设备影响较小,可减少维护的工作量。

(4)房屋建筑的投资较大。

大、中型发电厂和变电站中,35 kV 及以下电压等级的配电装置多采用屋内配电装置。但当 110 kV 及 220 kV 装置有特殊要求(如变电站深入城市中心)和处于严重污秽地区(如海边和化工区)时,经过技术经济比较,也可以采用屋内配电装置。

七、装配式屋内配电装置的布置要求

(1)同一回路的电气设备和载流导体布置在同一间隔内(保证检修安全和限制故障范围)。

(2)满足安全净距要求的前提下,充分利用间隔位置。

(3)较重的设备(如电抗器、断路器等)布置在底层,减轻楼板荷重,便于安装。

(4)出线方便,电源进线尽可能布置在一段母线的中部,减少通过母线截面的电流。

(5)布置清晰,力求对称,便于操作,容易扩建。

任务三 绘制断面图

任务描述：

断面图是表明所截取的配电装置间隔断面中，电气设备的相互连接及设备具体布置方式和尺寸的图形。其主要由实物设备简易符号及其连接线组成。本任务将介绍 110 kV 出线间隔断面图，如图 4-74 所示。

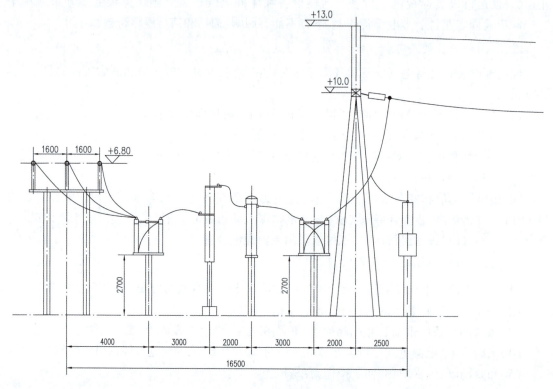

图 4-74 出线间隔断面图

任务分析：

对于间隔断面图，先设置合适的图层，然后对页面进行布局，绘制定位线，再绘制各个设备符号，如隔离开关、断路器等，最好从左到右一步步绘制各个部分。

实施步骤：

1. 设置绘图环境

打开 AutoCAD 应用程序，以"A3"样板文件为模板，建立新文件，将新文件名命名为"出线间隔断面图"并保存。

2. 设置图层

步骤：执行"格式"→"图层"命令，打开"图层"对话框，设置"定位线""设备符号"和"标注"三个图层。

3. 切换至"定位线"图层
4. 页面布局

(1)在"定位线"图层画构造线,以偏移方式确定各部分图形要素的位置。为了减少构造线对绘制设备图形的影响,利用"修剪"命令对构造线进行初步修剪,水平、垂直构造线的偏移距离如图 4-75 所示。

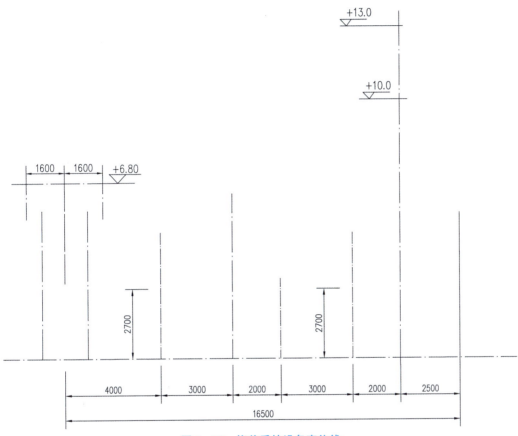

图 4-75 修剪后的设备定位线

(2)为方便定位各设备,宜预先进行尺寸标注。使用标注样式管理器,新建一个标注样式,其参数为:文字的垂直位置修改为"上方";标注特征比例修改为 100。

5. 绘制管型母线

(1)将"设备符号"设为当前图层。

(2)使用矩形工具绘制 2 个长为 3、宽为 55 的矩形(2 个矩形水平间距为 19),1 个长为 36、宽为 1 的矩形,3 个长为 1.5、宽为 12 的矩形(3 个矩形水平间距为 16)。使用圆工具绘制 2 个同心圆,半径分别为 1 和 0.8。使用复制工具,将同心圆圆心与 3 个长为 1.5、宽为 12 的矩形的长边中点重合。使用剪切工具,修剪多余的直线,管型母线具体形状如图 4-76(a)所示,具体尺寸如图 4-76(b)所示。

6. 绘制隔离开关

使用矩形工具、圆工具、圆弧工具和圆角工具绘制图 4-77(a)所示的隔离开关,具体绘制尺寸如图 4-77(b)所示。

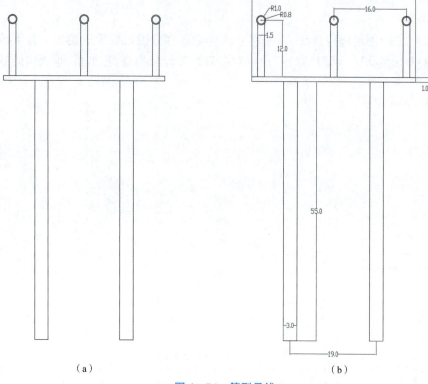

图 4−76 管型母线

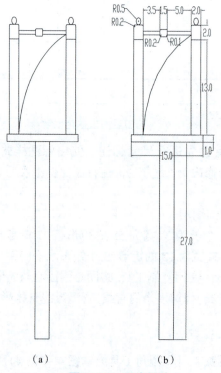

图 4−77 隔离开关

7. 绘制断路器

使用矩形工具和圆工具绘制图 4-78(a)所示的断路器,具体绘制尺寸如图 4-78(b)所示。

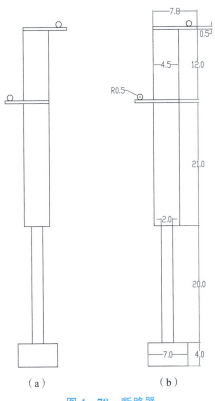

图 4-78 断路器

8. 绘制电流互感器

使用矩形工具、圆弧工具和圆工具绘制图 4-79(a)所示的电流互感器,具体绘制尺寸如图 4-79(b)所示。

9. 绘制杆塔

使用矩形工具和直线工具绘制图 4-80(a)所示的杆塔,具体绘制尺寸如图 4-80(b)所示。

10. 绘制电压互感器

使用矩形工具和圆工具绘制图 4-81(a)所示的电压互感器,具体绘制尺寸如图 4-81(b)所示。至此,设备符号绘制完成。

11. 复制设备符号

利用复制工具将绘制的电流互感器、电压互感器、断路器、隔离开关复制至相应的定位点上,如图 4-82 所示。

12. 绘制出线间隔断面

使用样条曲线工具将导线与设备连接起来。至此,出线间隔断面绘制完成,如图 4-74 所示。

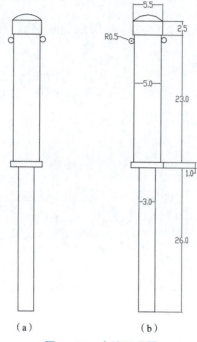

图 4-79 电流互感器

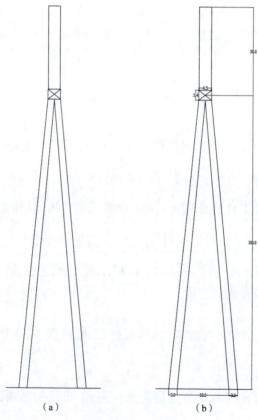

图 4-80 杆塔

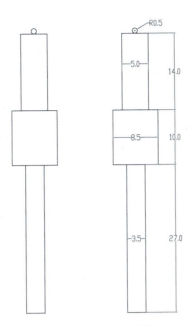

图 4–81 电压互感器

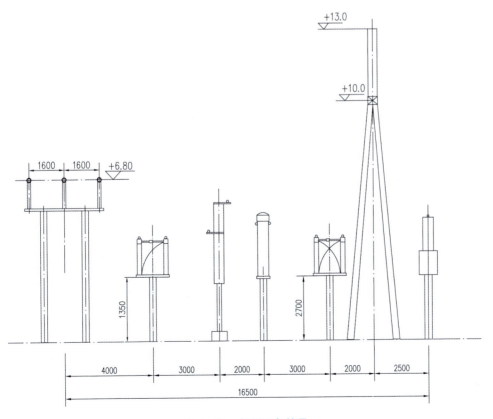

图 4–82 复制设备符号

知识链接：

　　断面图是表明所截取的配电装置间隔断面中，电气设备的相互连接及详细的结构布置尺寸的图形。它们均应按比例画出，并标出必要的尺寸。设计平面图和断面图的主要依据是最小安全净距，并遵守配电装置设计规程的有关规定，要保证装置可靠地运行，操作维护及检修安全、便利。

　　根据实际间隔断面尺寸的大小，断面图的比例可选择 1∶50、1∶100 等，图幅可选择 A3 或 A2 等。断面图是工程施工、设备安装的重要依据，也是运行及检修中重要的参考资料，必须清晰易读、正确无误、尺寸准确。

任务四 绘制110 kV线路保护电流回路图

任务描述:

二次回路由互感器二次线圈、电缆、端子排、小母线、继电保护及仪表等二次设备构成。线路保护电流回路图是变电站二次系统中常见的一种二次回路。本任务将介绍110 kV线路保护电流回路图,如图4-83所示。

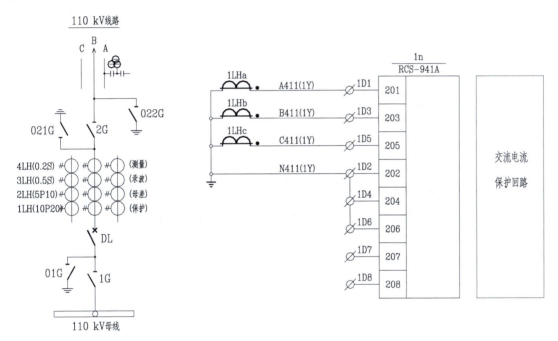

图4-83 110 kV线路保护电流回路图

任务分析:

对于线路保护电流回路图,主要由两部分组成:第一部分为电气主接线图,其绘制方法详见本项目任务一;第二部分为二次回路部分,其主要用到直线、圆、复制、偏移、旋转、镜像、修剪及图案填充等命令。首先绘制电流互感器线圈和接地等符号,再依次汇入交流电流输入即可。下面主要讲解二次回路部分的绘制步骤。

实施步骤:

1. 设置绘图环境

打开AutoCAD应用程序,以"A3"样板文件为模板,建立新文件,将新文件名命名为"110 kV线路保护电流回路图"并保存。

2. 设置图层

步骤:执行"格式"→"图层"命令,打开"图层"对话框,设置"电气符号"和"连接线"两个图层。

3. 切换至"电气符号"图层

4. 绘制电流互感器线圈符号

(1) 使用圆工具绘制一个半径为 2.5 的圆形,再使用复制工具以第一个圆为复制对象,圆心为基点,向左偏移 5,复制得到第二个圆形。

(2) 使用直线工具绘制一条长为 12 的水平直线,并使用移动工具移动到圆的圆心上,如图 4-84 所示。

图 4-84 复制圆、直线

(3) 使用修剪工具,以直线作为修剪边,修剪两个下半圆,如图 4-85 所示。

图 4-85 修剪圆

(4) 使用直线工具,在圆和直线的交点上绘制 2 条向下的直线,长度为 1。使用圆工具在水平线前端绘制一个半径为 0.5 的圆。使用图案填充工具,边界选择绘制的圆,图案选择 SOLID,如图 4-86 所示。至此,电流互感器线圈符号绘制完成。

图 4-86 电流互感器线圈

5. 绘制接线端符号

(1) 使用圆工具绘制一个半径为 1.5 的圆形。

(2) 使用直线工具绘制一条长为 5.5 的竖直线,并使用移动工具将直线中点移至圆心,如图 4-87 所示。

图 4-87 绘制圆、直线

(3) 利用旋转工具,以圆心为旋转基点,顺时针旋转 45°,一个接线端符号绘制完成,如图 4-88 所示。

图 4-88 接线端

6. 绘制接地符号

任务一中已介绍了一种接地符号的画法,下面介绍另一种画法:

(1) 使用直线工具,画一条长度为 4 的水平线。

(2)将直线向下连续复制两条,距离分别为 0.8 和 1.6,如图 4-89 所示。

图 4-89　平行线

(3)将中间直线比例缩放 75%,下面直线比例缩放 30%。缩放基点均为各自的中点,至此,接地符号绘制完成,如图 4-90 所示。

图 4-90　接地符号

7. 绘制交流电流输入

(1)切换到"连接线"图层,利用直线工具绘制一条长为 60 的直线。

(2)使用移动工具将前面绘制的电流互感器线圈和接线端移动到支路的合适位置,并使用修剪工具修剪多余的线条,完成一条支路的绘制,如图 4-91 所示。

图 4-91　绘制支路

(3)使用复制工具,向下复制两条支路,相互间隔 10,如图 4-92 所示。

图 4-92　复制支路

(4)使用阵列工具,绘制另外 5 个接线端,如图 4-93 所示。

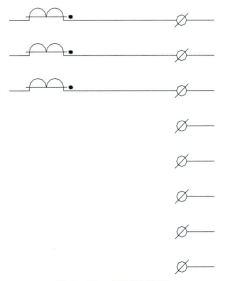

图 4-93　复制接线端

(5)使用直线工具和复制工具,完成交流电流输入的绘制,如图 4-94 所示。

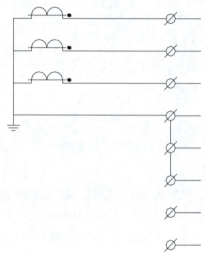

图 4-94　交流电流输入

8. 绘制矩形

切换到"电气符号",使用矩形工具,绘制一个长为 30、宽为 90 的矩形,如图 4-95 所示。

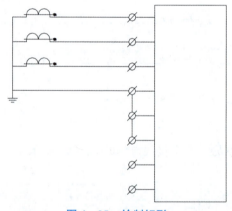

图 4-95　绘制矩形

9. 绘制直线

使用直线工具,以矩形左上角顶点为起点绘制一条长为 10 的水平线,以及一条长为 90 的竖直线,如图 4-96 所示。

10. 绘制边框

使用偏移工具,将长度 10 的水平线向下偏移 10。使用阵列工具,向下绘制相同的 6 条直线,间隔为 10。使用矩形工具,绘制一个长为 25、宽为 90 的矩形,如图 4-97 所示。

11. 完成绘制

使用文字工具,在图形相应位置添加文字。至此,110 kV 线路保护电流回路图绘制完成,如图 4-98 所示。

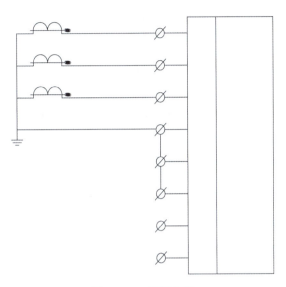

图 4-96 绘制直线

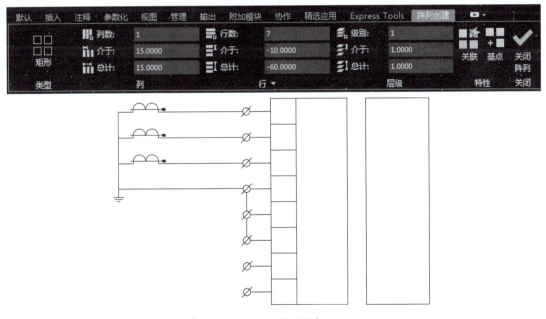

图 4-97 绘制边框

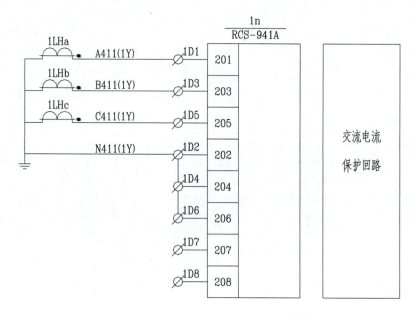

图 4-98　110 kV 线路保护电流回路图

知识链接：

一、二次回路种类

变配电站二次回路包括测量、保护、控制与信号回路部分。

测量回路包括计量测量与保护测量。

控制回路包括就地手动合/分闸、防跳联锁、试验、互投联锁、保护跳闸以及合分闸执行部分。

信号回路包括开关运行状态信号、事故跳闸信号与事故预告信号。

二、测量回路

测量回路分为电流回路与电压回路。

电流回路，各种设备串联于电流互感器二次侧(5 A)，电流互感器将原边负荷电流统一变为 5 A 测量电流。计量与保护分别用各自的互感器(计量用互感器精度要求高)，计量测量串接于电流表、电度表、功率表、功率因数表电流端子，保护测量串接于保护继电器的电流端子。微机保护一般将计量及保护集中于一体，分别有计量电流端子与保护电流端子。

电压回路，220/380 V 低压系统直接接 220 V 或 380 V，3 kV 以上高压系统全部经过电压互感器将各种等级的高电压变为统一的 100 V 电压，电压表、电度表、功率表与功率因数表的电压线圈经其端子并接在 100 V 电压母线上。微机保护单元计量电压与保护电压统一为一种电压端子。

三、控制回路

1. 合/分闸回路

合/分闸通过合/分闸转换开关进行操作，常规保护为提示操作人员及事故跳闸报警需要，转换开关选用预合—合闸—合后及预分—分闸—分后的多挡转换开关，以利用不对应接线进行合/分闸提示与事故跳闸报警。采用微机保护以后，要进行远分合闸操作，还要就地进行转换开关对位操作,这就失去了远分操作的意义,所以应取消不对应接线,选用中间自复位的只有合闸与分闸的三挡转换开关。

2. 防跳回路

当合闸回路出现故障时进行分闸,或短路事故未排除就进行合闸(误操作),这时就会出现断路器反复合/分闸,不仅容易引起或扩大事故,还会引起设备损坏或人身事故,所以高压开关控制回路应设计防跳。

防跳一般选用电流启动,电压保持的双线圈继电器。电流线圈串接于分闸回路作为启动线圈,电压线圈接于合闸回路作为保持线圈。当分闸时,电流线圈经分闸回路启动。如果合闸回路有故障,或处于手动合闸位置,电压线圈启动并通过其常开接点自保持,其常闭接点立即断开合闸回路,保证断路器在分闸过程中不能马上再合闸。防跳继电器的电流回路还可以通过其常开接点将电流线圈自保持,这样可以减轻保护继电器的出口接点断开负荷,也减少了保护继电器的保持时间要求。

3. 试验与互投联锁/控制

对于手车开关柜,手车推出后,要进行断路器合/分闸试验,应设计合/分闸试验按钮。进线与母联断路,一般应根据要求进行互投联锁或控制。

4. 保护跳闸

保护跳闸出口经过连接片接于跳闸回路,连接片用于保护调试,或运行过程中解除某些保护功能。

5. 合/分闸回路

合/分闸回路经合/分闸母线为操作机构提供电源及其控制回路,一般都应单独画出。

四、信号回路

(1)开关运行状态信号有合闸与分闸指示开关运行状态信号,由合闸与分闸指示两个装于开关柜上的信号灯组成,经过操作转换开关不对应接线后接到正电源上。采用微机保护后,转换开关取消了不对应接线,所以信号灯正极可以直接接到正电源上。

(2)事故信号有事故跳闸与事故预告两种。事故跳闸报警也要通过转换开关不对应后,接到事故跳闸信号母线上,再引到中央信号系统。事故预告信号通过信号继电器接点引到中央信号系统。采用微机保护后,将断路器操作机构辅助接点与信号继电器的接点分别接到微机保护单元的开关量输入端子,需要有中央信号系统时,如果微机保护单元可以提供事故跳闸与事故预告输出接点,可将其引到中央信号系统;否则,应利用信号继电器的另一对接点引到中央信号系统。

(3)中央信号系统为安装于值班室内的集中报警系统,由事故跳闸与事故预告两套声光报警组成。光报警用光字牌,不用信号灯,光字牌分为集中与分散两种。采用变电站综合自动化系统后,可以不再设计中央信号系统,或将其简化,只设计集中报警作为计算机报警的后备报警。

知识拓展:

上机实训

(1)绘制单母分段接线的电气主接线图,如图4-99所示。

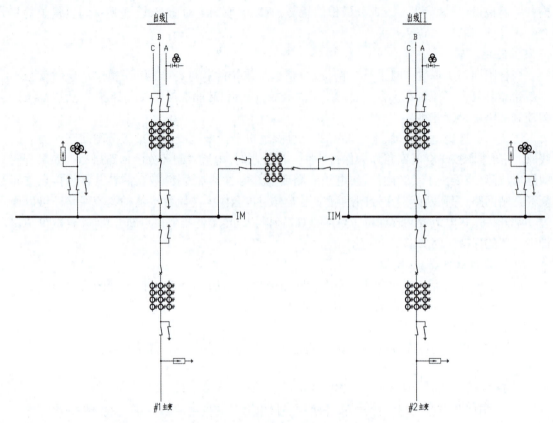

图 4-99 单母分段接线的电气主接线图

(2) 绘制 110 kV 线路保护电压回路图,如图 4-100 所示。

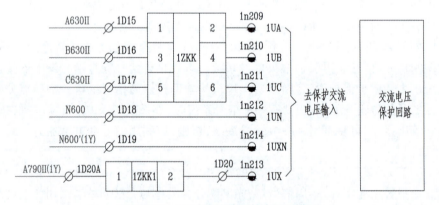

图 4-100 110 kV 线路保护电压回路图

项目五　配电网系统图的绘制

- **知识目标：**
了解配电网的接线图、安装图、杆塔图的特征，熟悉配电网常用设备、元器件的绘制方法和步骤。
- **技能目标：**
能通过课内、课外练习，掌握接线图、杆上变压器安装图和杆塔图的绘制方法与技巧，按要求绘制出符合要求和规范的工程图纸，具备信息获取、资料收集和整理能力，具备分析问题和解决问题的能力，综合运用 CAD 绘图工具的能力，在不断的实践中提高绘图技巧。

任务一　绘制配电系统接线图

任务描述：

绘制配电系统接线图，主要包含 10 kV 主接线、变压器、0.4 kV 主接线、配置表等部分，如图 5-1 所示①。

图 5-1　配电系统接线图

任务分析：

图 5-1 所示的某小区配电系统接线图，表明了小区配电系统运行原理。全图由图形符号、连线以及配置表组成，绘制这类图有几个要点：一是要按照标准的绘制方法绘制图形符号

---

① 由于本项目部分图片比较大，为使呈现效果较好，较大的图片以二维码形式呈现，请扫描二维码观看。

（或以适当比例插入事先绘制的图块），避免图纸绘制完成后会有偏差；二是要合理安排图纸的布局，清晰明了地将图形画出来，图面美观，并标注好相关标签，在尺寸和比例上要合理安排，并注意图形对象应绘制在相应的图层上；三是使用国标图形符号表示电气元器件，同一符号不能分开画。

绘制这类图的难点是：图纸布局要合理，绘制电气图形符号耗时长，电气图形符号比例要合适。

解决方法：根据图形内容可知，本图的配置表占幅最大，合理分配行距、列距绘制本图的配置表是整体布局是否合理的关键。通过调用电气图形符号库，可解决绘制电气图形符号耗时长的问题。

通过绘制本图，了解配电系统接线图的构成和特征，了解图纸绘制的流程，灵活应用各种绘图命令，具备独立绘制较复杂电气图的能力。能够建立并完善电气图形符号库，方便以后绘制同类图纸时使用，提高工作效率。学会使用快捷键绘图，提高绘图速度。

实施步骤：

1. 设置绘图环境

本图适合使用 A3 大小的国标图纸。打开 AutoCAD 应用程序，以"A3"样板文件为模板，建立新文件，将新文件命名为"配电系统接线图"并保存。

2. 绘制配置表

按要求设置好绘图工具栏、图层等，调整好粗线、实线、虚线、中心线等。

（1）使用直线、复制、修剪等工具，绘制如图 5 – 2 所示配置表。

（2）使用单行文字工具，选择仿宋字体，文字高度为 3，字体宽度为 0.7，完成配置表的绘制，如图 5 – 3 所示。图 5 – 3（a）中分别为高压接线配置表图和低压接线配置表图。

图 5 – 2　绘制配置表（1）

图 5 – 3　绘制配置表（2）

3. 绘制母线

使用多段线、圆等工具绘制母线，如图 5 – 4 所示。

图 5 – 4　绘制母线

4. 绘制变配电所常用元器件符号

本图核心内容是绘制图形符号。本图涉及的变配电所常用元器件图形符号很多，例如断路器、变压器、电流互感器、电容器、熔断器、避雷器、负荷开关、接地开关、带电显示器、接地等图形符号。在绘制完成这些图形符号后，将其保存为图块，方便以后绘制同类图纸时使用，提高工作效率。

不同的图形对象需要绘制在不同的图层中，在绘制前，需要将工作图层切换到所需的图层上。所有图形符号都应在元件层绘制。在图层下拉列表中选择元件层图层，如图 5 – 5 所示。

图 5-5 切换图层

(1) 绘制负荷开关-熔断器组合电器。负荷开关-熔断器组合电器是采用负荷开关进行控制,使用熔断器进行保护的开关设备。目前,国内外的环网供电单元和预装式变电站广泛使用负荷开关+熔断器的结构形式,用它保护变压器比用断路器更为有效,其切除故障时间更短,不易发生变压器爆炸事故。

按项目四任务一绘制隔离开关、接地符号的方法绘制负荷开关、接地开关等电气符号,最后把负荷开关、接地开关以及熔断器用直线连接起来,完成负荷开关-熔断器组合电器的绘制,如图 5-6 所示。

图 5-6 绘制负荷开关-熔断器组合电器

(2) 绘制其他元器件符号。按项目四任务一的方法绘制变压器、断路器、电流互感器等符号,如图 5-7 所示。

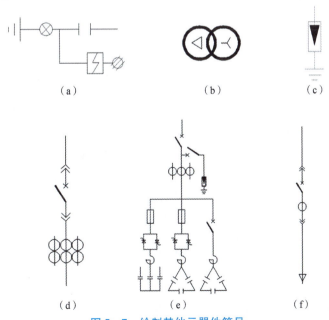

图 5-7 绘制其他元器件符号

(a) 带电显示器;(b) 变压器;(c) 避雷器;(d) 断路器及电流互感器;(e) 电容补偿间隔;(f) 断路器出线间隔

5. 创建永久块

项目一任务八介绍了创建块、插入块的方法，下面利用该方法创建本项目的电气图形符号库，详见 CAD 图二维码。

CAD 图

永久块也叫"外部块"，是相对于临时块而言的。永久块与临时块一样，都是图块，其区别就在于：临时块是临时的，无法一直使用；永久块是存放在硬盘中的，只要不删除，一直都可以使用。

打开"写块"对话框（命令：W）。在"对象"栏中单击"选择对象"按钮，系统返回绘图区中，框选已绘制好的图形，按 Enter 键或空格键返回"写块"对话框中。在"对象"栏中选中"转换为块"单选按钮，可将选择的图形转换为图块。然后在"基点"栏中单击"拾取点"按钮，返回绘图区中，选择一个点，系统自动返回"写块"对话框。基点是指插入块的位置，如果不选择基点，系统将默认以原点为基点，这显然是很不方便的。在"写块"对话框的下方有一个"目标"栏，在该栏中，可以浏览选择用于存放图块的文件夹，并指定图块的名称。最后，单击"确定"按钮，一个永久块就创建完成了。永久块是存放在文件夹中的文件，一直都可以使用。创建永久块的操作步骤如图 5-8 所示。

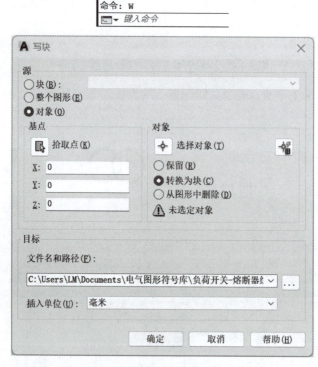

图 5-8 永久块的创建过程

6. 插入图块

插入图块的操作步骤如图 5-9 所示。

项目五　配电网系统图的绘制

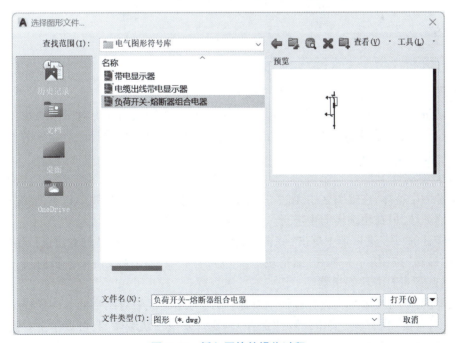

图 5-9　插入图块的操作过程

175

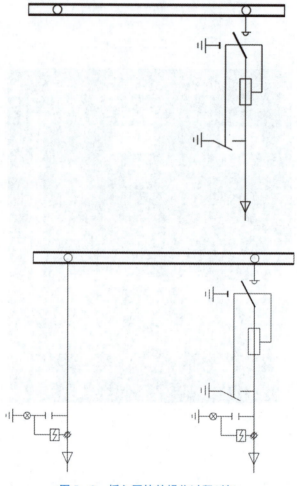

图 5-9　插入图块的操作过程(续)

创建图块后,在需要使用时,只要将其插入图形中即可。

可以通过菜单栏、功能区、命令行等多种方式启动插入图块命令。对于永久块,插入时可以单击下拉菜单右侧的 ▀▀ 按钮,在打开的"选择图形文件"对话框选择已经做好的外部块,然后进行进一步的操作即可。

7. 编辑图块

图块是一个整体,在绘图区中无法进行编辑,只能整体移动或缩放。其实,要编辑一个已经定义好的图块,可在块编辑器中进行。

在功能区的"块"选项卡中单击"编辑"按钮,或者输入命令:BE,即可对块进行编辑。

单击"编辑"按钮后,将弹出"编辑块定义"对话框,在其中选择需要编辑的块,然后单击"确定"按钮,即可打开块编辑器。

在块编辑器中,可以对块进行各种编辑操作,其与绘图区中对图形的修改操作大致相同。编辑完成后,单击"保存块"按钮,即可"保存"编辑。要退出块编辑器,可以单击右侧的"关闭块编辑器"按钮。如果这时系统提示"块-未保存更改",选择"将更改保存到……"即可。编辑图块的操作步骤如图 5-10 所示。

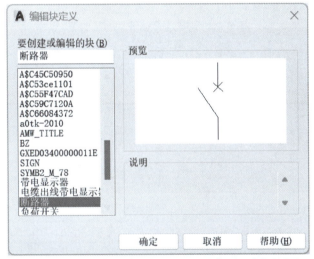

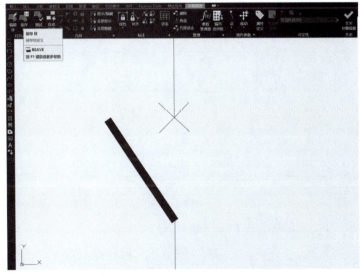

图 5-10 编辑图块的操作过程

知识链接：

配电网是配电区域内的配电线及配电设施的总称，由架空线路、杆塔、电缆、配电变压器、开关设备、无功补偿电容等配电设备及附属设施组成。配电网工程一般是指电网公司投资的 10 kV 及以下线路和设备新建或者改造的工程项目。配电网工程根据工程内容可分为台区项目、用户工程、10 kV 架空线项目、10 kV 电缆项目等。

任务二 绘制柱上变压器安装图

任务描述：

绘制柱上变压器安装图，主要包含 10 kV 部分、变压器、0.4 kV 部分、接地部分、设备材料表等，安装图包含三视图、大样图等，如图 5-11 所示。

图 5-11 柱上变压器安装图

任务分析：

图 5-11 所示的某台区柱上变压器安装图，是安装变压器时施工的图纸。全图由设备、材料外形图、导线以及设备材料标号等组成，绘制这类图有几个要点：一是设备、材料外形图必须完全按其真实尺寸及形状按比例绘制；二是要布局合理，图面美观，并注意图形对象应绘制在相应的图层上；三是因图纸篇幅限制，设备材料表可单独一张图纸。

绘制这类图的难点是：整体布局应合理，绘制设备、材料外形图耗时大，应按其真实尺寸及形状按比例绘制。

解决方法：设备、材料外形图一般直接复制厂家图，或者从电气图形符号库中选择相应的图块插入。根据图形内容可知，本图的设备、材料外形图绘制最繁杂，能否按其真实尺寸及形状按比例绘制本图的设备、材料外形图是整体布局是否合理的关键。通过调用电气图形符号库，可解决绘制设备、材料外形图耗时长的问题。

通过绘制本图，了解柱上变压器安装图的构成和特征，了解图纸绘制的流程，灵活应用各种绘图命令，具备独立绘制较复杂电气设备安装图的能力。能够建立并完善电气图形符号库，方便以后绘制同类图纸时使用，提高工作效率。学会使用快捷键绘图，提高绘图速度。

实施步骤：

1. 设置绘图环境

打开 AutoCAD 应用程序，以"A3"样板文件为模板，建立新文件，将新文件命名为"柱上变压器安装图"并保存。

按要求设置好绘图工具栏、图层等，调整好粗线、实线、虚线、中心线等。

2. 绘制定位线

为了方便定位各设备，宜预先进行尺寸标注。使用标注样式管理器，新建或修改一个标注样式，比例因子设定为 50，如图 5-12 所示。

切换至"线"图层，使用直线、标注等工具绘制定位线。

3. 插入图块

(1) 插入 12 m 电杆图块。使用插入块的功能，从电气图形符号库选择 12 m 电杆图块，找到电杆的定位线，按比例插入电杆。

(2) 插入变压器图块。使用插入块的功能，从电气图形符号库选择 10 kV 变压器外形图图块，找到变压器的定位线，按比例插入变压器外形的正视图、侧视图等，如图 5-13 所示。

(3) 根据定位线，依次按比例插入其余各种设备、材料。

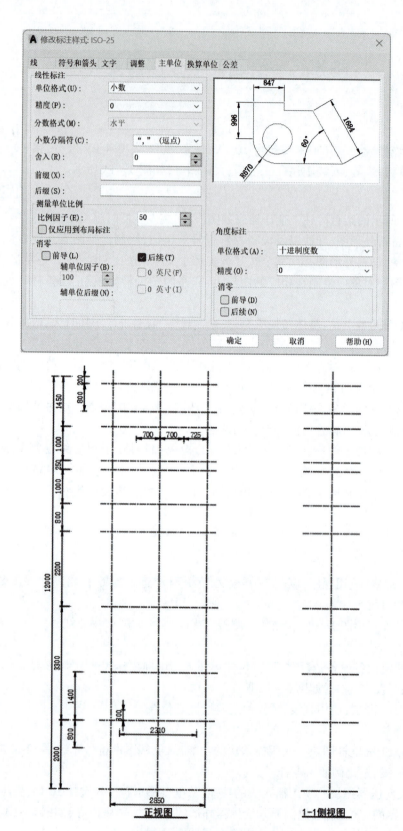

图 5-12 绘制定位线

项目五 配电网系统图的绘制

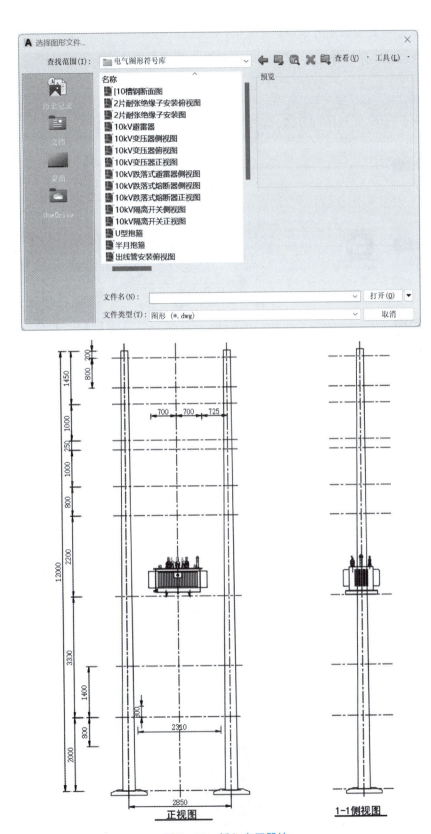

图 5-13 插入变压器块

181

3. 绘制电气图形符号库中没有的设备、材料图形

使用直线、复制、修剪等工具,按图 5 – 11 绘制电气图形符号库中没有的设备、材料图形以及连接线等。

4. 绘制俯视图、大样图

按照绘制正视图、侧视图的方法,绘制俯视图、大样图,如图 5 – 14 所示。

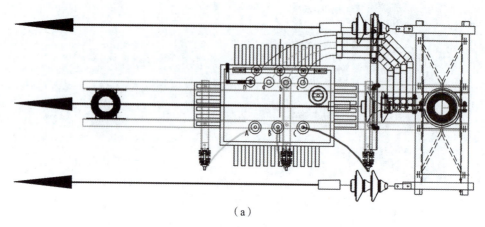

(a)

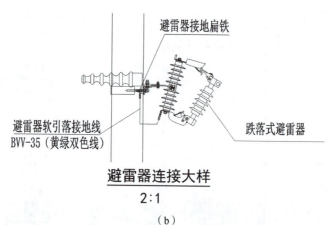

(b)

图 5 – 14　绘制俯视图、大样图
(a)俯视图;(b)大样图

5. 绘制设备、材料标号

使用直线、复制、圆等工具,按图 5 – 11 绘制设备、材料标号。

6. 绘制设备材料表

使用直线、复制、修剪、单行文字等工具,绘制设备材料表,如图 5 – 15 所示。

图 5 – 15　绘制设备材料表

知识链接：

电气组装图指的是电气设备如何安装的图纸，包括设备外形尺寸、设备的三视图、安装的注意事项说明等。其主要由设备及材料外形图、连线及标注构成，各设备及材料必须完全按其真实尺寸及形状按比例绘制。大样图主要表示电气工程某一部件、构件的结构，用于指导加工与安装。设备材料表是把某一电气工程所需主要设备、元器件、材料和有关的数据列成表格，表示其名称、符号、型号、规格、数量等。

任务三　绘制 S1Z 型直线水泥杆组装图

任务描述：

绘制 S1Z 型直线水泥杆组装图，主要包含水泥杆、绝缘子、金具等，如图 5 – 16 所示。

图 5 – 16　S1Z 型直线水泥杆组装图

任务分析：

图 5 – 16 所示的某台区 S1Z 型直线水泥杆组装图属于 10 kV 杆型组装图。全图由水泥杆、绝缘子、金具以及设备材料表等组成，绘制这类图有几个要点：一是设备、材料外形图必须完全按其真实尺寸及形状按比例绘制；二是要布局合理，图面美观。

绘制这类图的难点是：整体布局应合理，绘制设备、材料外形图耗时长，应按其真实尺寸及形状按比例绘制。

解决方法：设备、材料外形图一般直接复制厂家图，或者从电气图形符号库中选择相应的图块插入。根据图形内容可知，本图的设备、材料外形图绘制最繁杂，能否按其真实尺寸及形状按比例绘制本图的设备、材料外形图是整体布局是否合理的关键。通过调用电气图形符号库，可解决绘制设备、材料外形图耗时长的问题。

通过绘制本图，了解 S1Z 型直线水泥杆组装图的构成和特征，了解图纸绘制的流程，灵活应用各种绘图命令，具备独立绘制较复杂杆塔组装图的能力。能够建立并完善电气图形符号库，方便以后绘制同类图纸时使用，提高工作效率。学会使用快捷键绘图，提高绘图速度。

实施步骤：

1. 设置绘图环境

打开 AutoCAD 应用程序，以 "A3" 样板文件为模板，建立新文件，将新文件名命名为 "S1Z 型直线水泥杆组装图" 并保存。

按要求设置好绘图工具栏、图层等，调整好粗线、实线、虚线、中心线等。

2. 绘制定位线

为方便定位各设备、材料，宜预先进行尺寸标注。使用标注样式管理器，新建或修改一个标注样式，比例因子设定为 50。

切换至 "定位线" 图层。使用直线、标注等工具绘制定位线，如图 5 – 17 所示。

3. 插入图块

(1) 插入 12 m 电杆图块。使用插入块的功能，从电气图形符号库选择 12 m 电杆图块，找到电杆的定位线，按比例插入电杆。

(2) 插入瓷横担绝缘子图块。使用插入块的功能，从电气图形符号库选择瓷横担绝缘子图块，找到绝缘子的定位线，按比例插入绝缘子外形图，如图 5 – 18 所示。

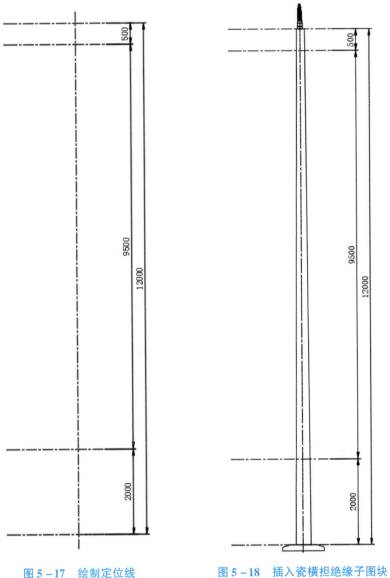

图 5-17　绘制定位线　　图 5-18　插入瓷横担绝缘子图块

4. 绘制电气图形符号库中没有的设备、材料图形

使用直线、复制、修剪等工具,按图 5-16 绘制电气图形符号库中没有的设备、材料图形以及连接线等。

5. 绘制俯视图、大样图

按照绘制正视图的方法,绘制侧视图、俯视图和大样图,如图 5-19 所示。

6. 绘制设备、材料标号

使用直线、复制、圆等工具,按图 5-16 绘制设备、材料标号。

7. 绘制设备材料表

使用直线、单行文字等工具,绘制设备材料表,如图 5-20 所示。

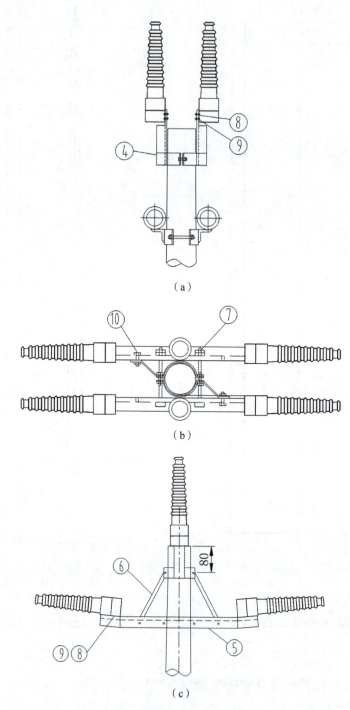

图 5-19 绘制侧视图、俯视图和大样图
(a)侧视图;(b)俯视图;(c)大样图

序号	名称	规格	单位	数量	图纸编号	备注
1	水泥杆	∅190×12000	根	1		
2	瓷横担绝缘子(水平式)	SQ-210	支	4		
3	瓷横担绝缘子(垂直式)	SQ-210	支	2		
4	双顶双抱(SQ-210挂线)	配∅190水泥杆(M18×110)	套	1	GPDK-J-T101	
5	横担	∠75×7×1180	根	2	GPDK-J-T105	
6	斜拉铁	-60×8×450	根	2	GPDK-J-T105	
7	镀锌六角螺母	双头,M18×350mm,4.8级	套	2		双母双垫
8	镀锌六角螺母	M8×40	套	6		
9	镀锌六角螺母	M20×200	套	6		双母双垫
10	镀锌六角螺母	M16×50	套	2		
11	卡盘	KP-	块	2	CSG-GX-10K-KP	视地质设计选型
12	底盘	DP-	块	1	CSG-GX-10K-DP	视地质设计选型

图 5-20 绘制设备材料表

知识链接：

在输配电线路中，杆塔主要分为钢筋混凝土杆塔和铁塔两大类。杆塔按不同用途，又可分为直线杆塔、耐张杆塔、转角杆塔、终端杆塔和特种杆塔 5 种。10 kV 杆型的命名原则如图 5-21 所示。

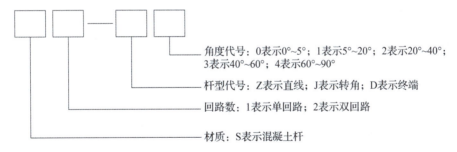

角度代号：0表示0°~5°；1表示5°~20°；2表示20°~40°；
3表示40°~60°；4表示60°~90°
杆型代号：Z表示直线；J表示转角；D表示终端
回路数：1表示单回路；2表示双回路
材质：S表示混凝土杆

示例：S1-J2
含义：混凝土杆单回路转角20°~40°

图 5-21 10 kV 杆型命名原则

项目六　3D 技术绘制基础零件

> ■ **知识目标：**
> 了解 CAD 三维坐标系(UCS 和 WCS)，了解差集、交集、并集和放样的含义。
> ■ **技能目标：**
> 通过使用 2020 版 CAD 绘制基础零件图，初步掌握 CAD 3D 制图技术。运用 CAD 2020 的三维图形制作工具，熟悉三维视角的转化、模型的生成与渲染、差集等新工具的运用。

任务一　绘制六角螺帽(螺母)

任务描述：

本任务要求使用 CAD 绘制一个外径为 20，内孔直径为 7，厚度为 5 的六角螺母 3D 模型。

要求掌握：CAD 的 3D 图形制作、3D 视角的转化、模型的生成与渲染、差集等新工具的运用。

任务分析：

要学会 CAD 3D 制图技术，首先要了解并准确运用世界坐标系和用户坐标系，定位图形的坐标，在坐标定位好的基础上，就可以使用绘图工具绘制图形了。

实施步骤：

1. CAD 启动 3D 图形样板(切换至 3D 制图空间)

在用 CAD 绘制 3D 图形时，要先选择 CAD 图形样板，也就是 .dwt 文件。这里选择 acadiso3D.dwt 图形样板作为 3D 制图任务的作图空间，如图 6-1 所示。

单击图 6-1 操作界面左上角的"新建"按钮，选择 acadiso3D.dwt 图形样板，单击"打开(O)"，得到的 3D 制图空间如图 6-2 所示。

项目六 3D技术绘制基础零件

图6-1 选择图形样板

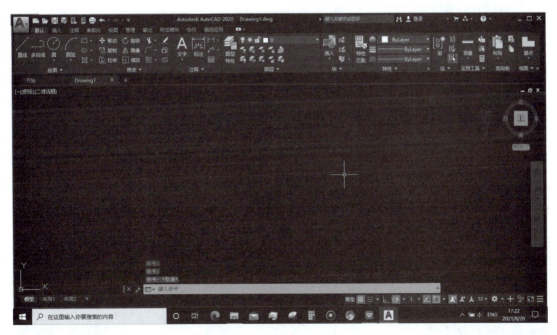

图6-2 3D制图空间

之后所有的3D制图全部在这里完成,打开方式后面将不再赘述。

2. 绘制基本轮廓

作一个内接于直径为20的圆的正六边形,如图6-3所示。

189

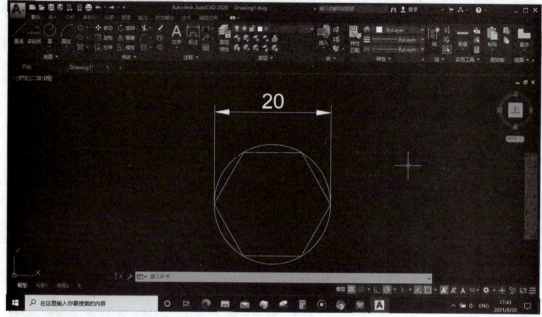

图 6-3 正六边形

3. 切换视角

选择"视图"选项卡,打开视口工具 View Cube,出现 WCS 坐标系。单击 WCS 的右下角,将视图切换成"东南等轴测",如图 6-4 所示。

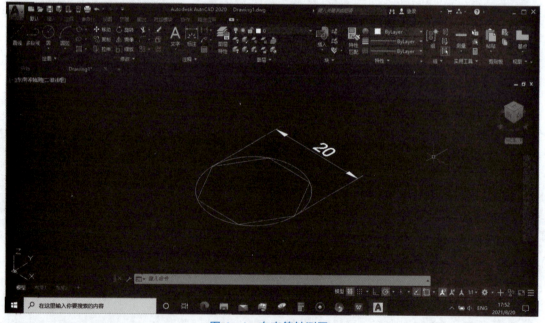

图 6-4 东南等轴测图

4. 绘制异面图形

在正六边形的圆心处再作一个直径为 7 的圆作为螺丝孔,并将正六边形和小圆沿 Z 轴向下复制 5 单位,如图 6-5 所示。

项目六 3D技术绘制基础零件

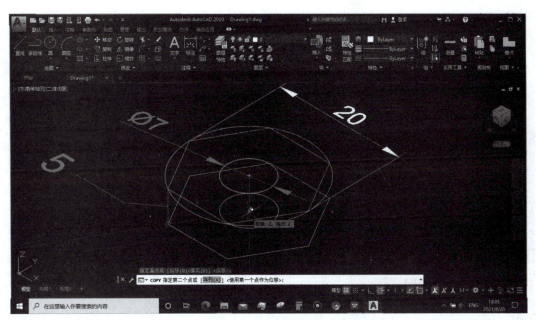

图6-5 复制六边形

5. 图形"放样"

单击"三维工具"→"放样",在"按放样次序选择横截面或点(PO)合并多条边(J)模式(MO)命令"中依次单击上正六边形和下正六边形,按Enter键,暂时使用默认设置。同样,将圆也进行"放样"处理,如图6-6所示。

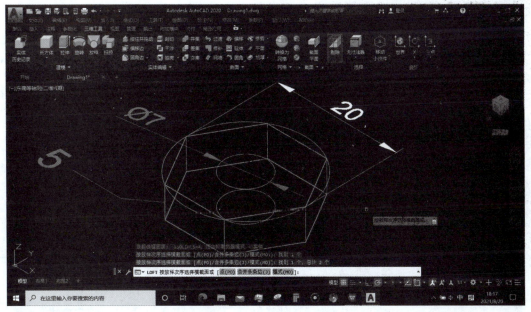

图6-6 六边形放样效果图

6. 图形"概念化"

将放样后的图形作3D"概念"化处理,可观察其3D效果。单击"可视化"选项卡,在右边的"视觉样式"中将"二维线框"切换成"概念",如图6-7所示。

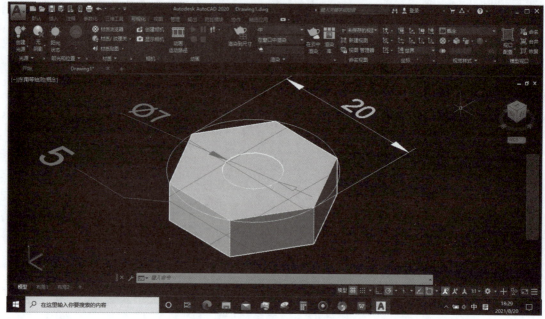

图 6-7 图形"概念化"效果图

7. 去除不需要的部分

可以看到原本抽象的线条变成了两个独立的实体,一个是正六边形柱体,另一个是圆柱体。需要在正六边形柱体中开出一个圆柱形的孔,利用"差集"工具,依次单击"三维工具"→"实体编辑"→"差集",在"命令:subtract"中选择正六边体,按 Enter 键确认;在"选择要减去的实体或面域"中选择圆柱体,按 Enter 键确认,如图 6-8 所示。

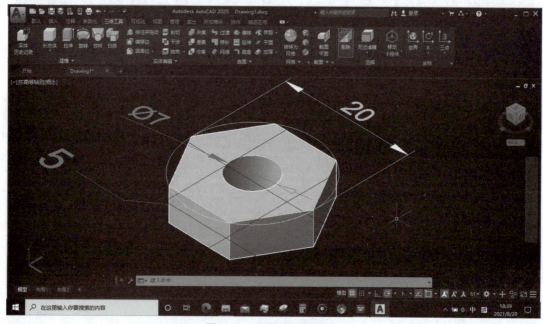

图 6-8 将圆镂空效果图

8. 多角度观察与视角返回

现在可以在"动态观察"中从多个角度(任意视角)欣赏自己的作品,如图6-9~图6-11所示。

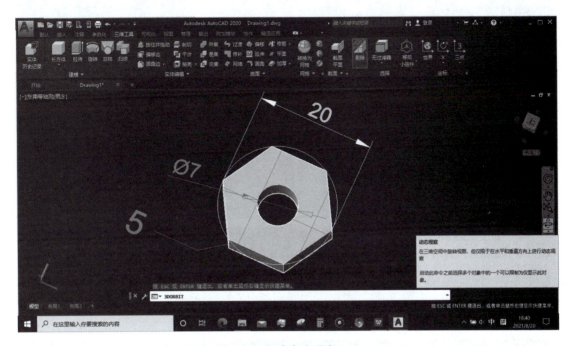

图6-9　任意角度观察(一)

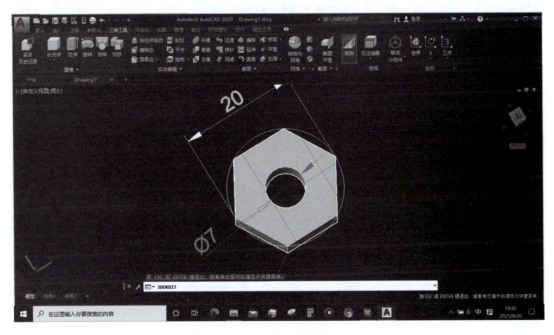

图6-10　任意角度观察(二)

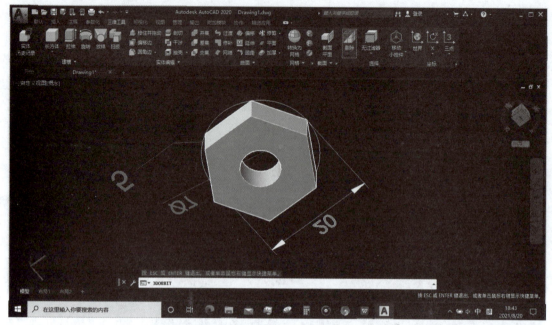

图 6-11　任意角度观察(三)

欣赏完后,随时可以用"WCS"工具或者"视图控件"的"东南等轴测"返回原先的样式,如图 6-12 所示。

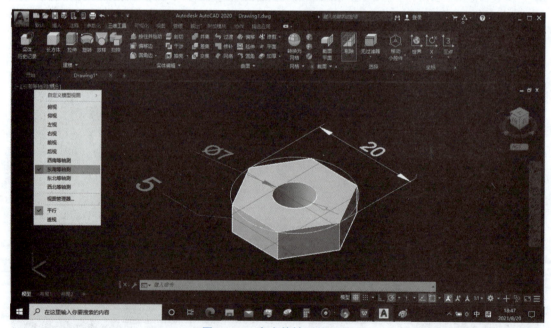

图 6-12　东南等轴测效果图

9. 3D 图形的"倒角"处理

由于此时的螺母显得比较尖锐,所以对它进行"倒角"操作。与二维制图、三维制图一样,也可以直接用"圆角"工具修改三维实体,用"圆角"工具处理后,效果如图 6-13 所示。

项目六　3D 技术绘制基础零件

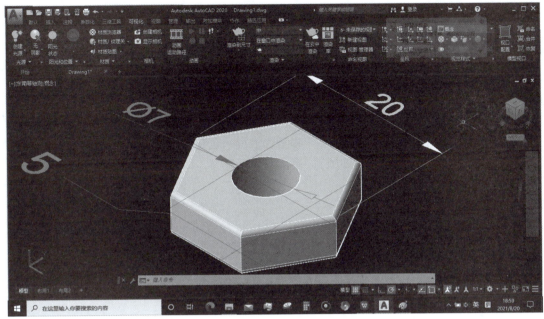

图 6-13　图形"倒角"处理

10. 材质渲染

可以根据要求将图形进行渲染,这里将六角螺母渲染成金属色,如图 6-14 所示。

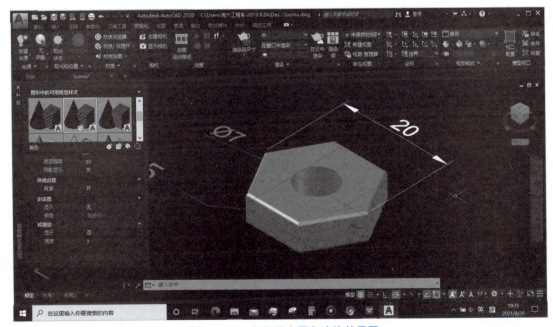

图 6-14　六角螺母金属色渲染效果图

以上就是六角螺母绘制过程。

通过对一个六角螺母的简单建模,认识和学习了 WCS 在建模时的运用,以及放样、模型的生成与渲染、差集等新工具的运用。通过一步一步的制图练习,理解概念、熟悉工具,提升对 CAD 的学习兴趣。

知识链接：

差集：CAD中的差集就是从一个图形中减去另一个图形，如果这两个实体有重合的地方，那么重合的地方就会被减去，如果一个实体包括另一个实体，减去的部分就是另一个实体。

交集：交集就是两个物体相交的部分。如果这两个实体有重合的地方，那么选择交集就是选择两个实体重合的地方；如果一个实体包括另一个实体，选择的部分就是那个较小的实体。

并集：CAD中的并集就是将多个独立图形合并起来形成一个新的总体。

放样：所谓放样，就是通过两个或多个横截面放样来创建三维实体。横截面可以是开放的（例如圆弧），也可以是闭合的（例如圆）。横截面用于定义实体或曲面的截面形状。

任务二 绘制一个 3D 设备线夹

任务描述:

本任务要求完成一个指定参数的连接线夹。其长为 1 000、宽为 800、高为 120,线板上有 4 个内径为 160,侧面水平上有一个外孔直径为 400、内孔直径为 200、长为 600 的空心圆柱。

要求掌握:CAD 的 3D 异面图形制作与拼接、3D 视角的转化、模型的生成与渲染、差集等新工具的运用。

任务分析:

本任务由两个实体图形组成,并且这两个实体图形不在同一平面内(相互垂直),新手在绘图过程中容易发生图形错位的问题,因此要利用好上一个任务中的 UCS 坐标系与视图切换的知识。通过使用 2020 版 CAD 来学习绘制过程,初步掌握 CAD 3D 制图技术的基本运用。

实施步骤:

1. 实体构建

用"长方体"工具作一个长为 1 000、宽为 800、高为 120 的长方体,距离各边 200 作辅助线(绿色),再用"圆柱体"工具在四个角上分别作出一个直径为 160、高为 120 的圆柱体,用"差集"工具将其镂空,如图 6-15 所示。

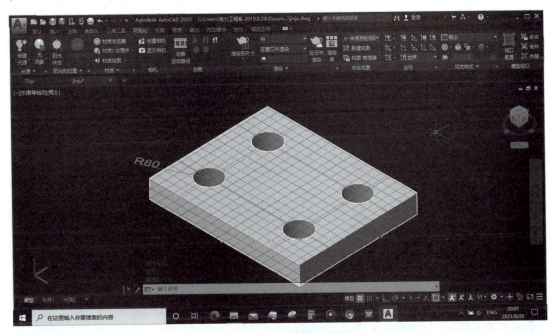

图 6-15 实体构建效果图

2. 异面实体构建

将 USC 移动到长方体的左下角,切换到"右视图",作辅助线找中心点,分别作直径为 200、直径为 400 的圆各一个,切换回"东南等轴测",将两个同心圆沿 X 轴复制并移动 600,"放样"

后如图 6-16 所示。

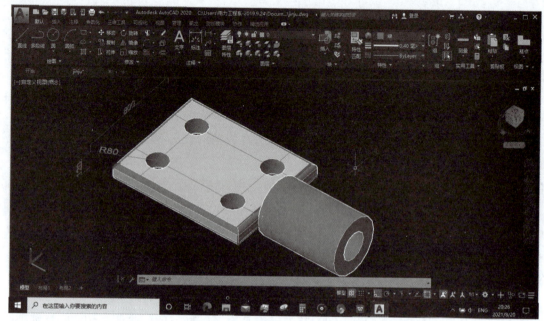

图 6-16 异面实体构建效果图

3. 实体修饰

使用"差集"工具去除中间的圆柱部分，对白色部分的实体进行倒半径为 30 的圆角处理，如图 6-17 所示。

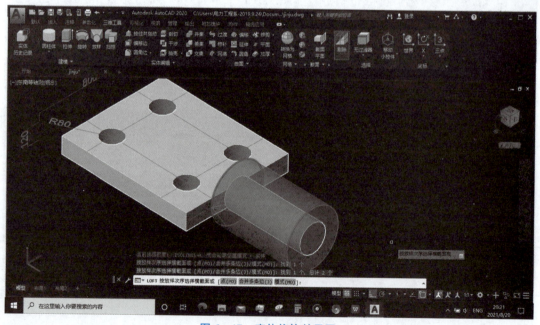

图 6-17 实体修饰效果图

4. 绘制异面连接体

将空心圆柱沿 X 轴移动 150，在长方体和圆柱体的面上分别作圆后放样，放样参数选择默认参数,如图 6-18 所示。

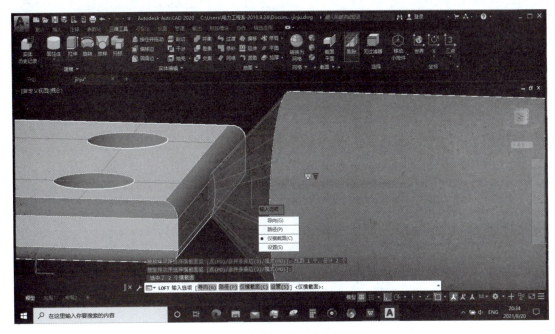

图 6-18　异面连接体绘制效果图

5. 多角度观察和材质渲染

在 CAD 预制的坐标系视角下选择"东南等轴测",所得结果如图 6-19 所示。

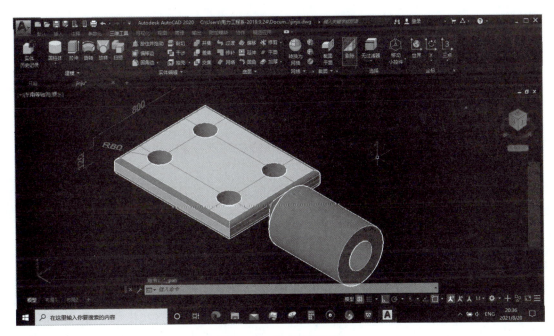

图 6-19　东南等轴测图

利用"视觉样式管理器"可进行金属渲染,如图 6-20 所示。

图 6-20　设备线夹金属渲染效果图

以上就是设备线夹绘制的全部过程。通过对一个导线连接金具的建模,认识和学习了如何构建异面立体图形,并且掌握 3D 制图中多个异面立体图形编辑方法。在构建异面立体图形时,对于几个异面图形间的连接,要熟练掌握 CAD 中的视角切换,并且会使用多种放样设置来达到自己的作图意图。

知识链接:

CAD 中的放样

放样时,可以使用引导、路径、仅横截面这三种方式来定义放样。

①引导即使用指定的导向曲线来控制放样实体或曲面形状。导向曲线可以是直线或曲线。

②路径可以指定放样实体或曲面的单一路径。

③仅横截面表示只使用横截面来控制实体的形状。

"放样设置"窗口里的选项:

直纹——指定创建的实体或曲面在横截面之间是直的,并且在起点和端点处具有鲜明的边界线。

平滑拟合——指定创建的实体或曲面在横截面之间是平滑的,并且在起点和端点处具有鲜明的边界线。

法线指向——控制创建的实体或曲面在横截面处的法向。

拔模斜度——控制实体或曲面的起点和端点处的拔模角度与幅值,从曲面向外的方向为拔模角度的 0°。起点角度指定起点的拔模角度;端点角度指定端点的拔模角度;起点幅值指在曲面开始弯向下一个横截面之前,在拔模方向上,控制曲面到起点横截面的相对距离;端点幅值指从上一个横截面到端点横截面之间,在拔模方向上,控制曲面到端点横截面的相对距离。

附录　机械制图基础

1. 正投影基础

1.1　投影法的基本概念

物体在阳光的照射下,会在墙面或地面投下影子,这就是投影现象。投影法是将这一现象加以科学抽象而产生的。

投射线通过物体,向选定的面(投影面)投射,并在该面上得到图形的方法称为投影法。

根据投影法所得到的图形称为投影(投影图),如附图1-1所示。

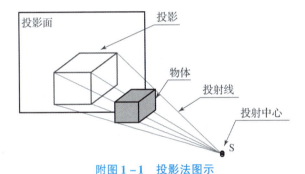

附图1-1　投影法图示

1.2　正投影法

投影线相互平行且与投影面相垂直的投影方法称为正投影法。根据正投影法所得到的图形称为正投影(正投影图),如附图1-2(a)所示。

工程图样大都采用正投影法绘制。

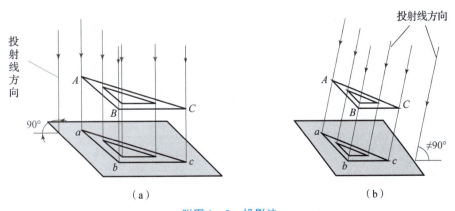

附图1-2　投影法
(a)正投影法图示；(b)斜投影法图示

201

投射线相互平行且与投影面相倾斜的投影法称为斜投影法。根据斜投影法所得到的图形称为斜投影(斜投影图),如附图 1-2(b)所示。

1.3 正投影的基本性质

(1) 显实性

当直线或平面与投影面平行时,则直线的投影反映实长、平面的投影反映其实形(附图1-3(a))。

(2) 积聚性

当直线或平面与投影面垂直时,则直线的投影积聚成一点、平面的投影积聚成一条直线(附图 1-3(b))。

(3) 类似性

当直线或平面与投影面倾斜时,其投影变短或变小,但投影的形状与原来形状相类似的性质,称为类似性(附图 1-3(c))。

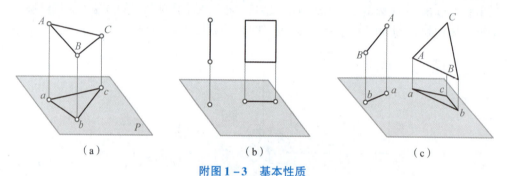

附图 1-3 基本性质
(a)显实性;(b)积聚性;(c)类似性

2. 三视图

2.1 三视图的形成

工程上采用正投影法绘制出表达物体形状的图形称为视图,但不同的物体在同一投影面上可获得相同的投影(附图 2-1)。因此,为了将物体的形状大小表达清楚,必须建立一个投影体系,将物体同时向几个面投影,用多个视图来确切表达物体的形状。工程上常用的是三视图。

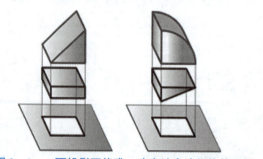

附图 2-1 一面投影不能唯一确定地表达物体的形状

(1) 三投影面体系的建立

三投影面体系由三个互相垂直的投影面组成,如附图 2-2 所示。

三个投影面分别是:

正立投影面,简称正面,用 V 表示。

水平投影面,简称水平面,用 H 表示。

侧立投影面,简称侧面,用 W 表示。

三个相互垂直的投影面之间的交线,称为投影轴,它们分别是:

OX 轴(简称 X 轴),是 V 面与 H 面的交线,它代表长度方向。

OY 轴(简称 Y 轴),是 H 面与 W 面的交线,它代表宽度方向。

OZ 轴(简称 Z 轴),是 V 面与 W 面的交线,它代表高度方向。

三投影轴相互垂直,其交点 O 称为原点。

(2)三视图的形成

将物体放在三投影面体系中,用正投影法将物体投影到各投影面上,形成的平面投影图称为"三视图"。因此,在附图 2-3 中,分别得到了正面投影(主视图)、水平面投影(俯视图)、侧面投影(左视图)。

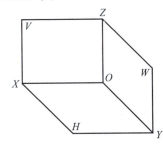

附图 2-2　三投影体系

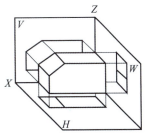

附图 2-3　三视图形成

主视图:由前向后的投影,在正面上所得到的视图。

俯视图:由上向下的投影,在水平面上所得到的视图。

左视图:由左向右的投影,在侧面上所得到的视图。

(3)三面投影的展开

为了画图方便,将三个相互垂直的投影面展开摊平在同一平面上。展开方法:规定 V 面不动,H 面绕 OX 轴向下旋转 $90°$,W 面绕 OZ 轴向右旋(逆时针)旋转 $90°$,这样三个投影面与 V 面共面,即处于同一张图纸上。展开的效果图如附图 2-4 所示。注意:在旋转过程中,OY 轴一分为二,随 H 面旋转的 Y 轴用 Y_H 表示,随 W 面旋转的 Y 轴用 Y_W 表示。

因为投影面的大小与视图无关,因此,实际绘图时不必画出投影面的范围,三视图如附图 2-5 所示。

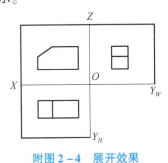

附图 2-4　展开效果

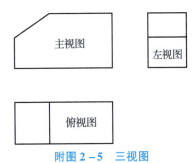

附图 2-5　三视图

2.2 三视图之间对应关系

(1) 三视图之间的位置关系

从附图 2-6 可知三视图的位置关系：以主视图为准，俯视图位于主视图的正下方，左视图位于主视图的正右方。

(2) 三视图之间的投影关系

如附图 2-7 所示，物体有长、宽、高三个方向的尺寸。一般规定：物体左、右之间的距离为长(X)；前、后之间的距离为宽(Y)；上、下之间的距离为高(Z)。

由附图 2-8 可知，一个视图只能反映物体两个方向的尺寸。主视图反映物体的左右即长度(X)和物体上下即高度(Z)；俯视图反映物体的左右即长度(X)和物体前后即宽度(Y)；左视图反映物体的上下即高度(Z)和物体前后即宽度(Y)。

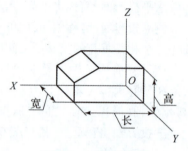

附图 2-6 位置关系

附图 2-7 投影关系

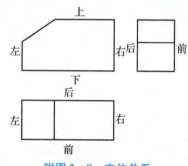

附图 2-8 方位关系

通过以上分析，三视图之间的投影关系可以概括为：

主、俯视图长对正（等长）；

主、左视图高平齐（等高）；

左、俯视图宽相等（等宽）。

在画图时要注意，无论是整体还是局部，物体的三视图都必须符合"长对正、高平齐、宽相等"的"三等"规律。

(3) 视图与物体之间的方位关系

物体有上、下、左、右、前、后 6 个方位，由附图 2-8 可知：

主视图反映物体的上、下和左、右；

俯视图反映物体的左、右和前、后；

左视图反映物体的上、下和前、后。

同时，由附图 2-8 可知，俯、左视图靠近主视图的一边均为物体的后方，远离主视图的一边均为物体的前方。

2.3 三视图作图方法及步骤

(1) 选择主视图的投射方向

摆正物体，使其主要平面与投影面平行，选好主视图的投射方向。一般以能够比较全面地反映物体的形状特征的那一面投影作为主视图方向。

(2)布图

确定三视图的位置,画出各投影图的作图基准线、辅助线。基准线是指画图时测量尺寸的基准,每个视图需要确定两个方向的基准线。一般常用对称中心线、轴线和较大的平面作为基准线。

(3)按投影规律画出物体的三面投影

先从反映形体特征的主视图画起,再根据"三等关系"依次画出俯视图和左视图。画图时,一般先实(实形体)后空(挖去的形体);先大(大形体)后小(小形体);先画轮廓,后画细节。

对称图形、半圆和大于半圆的圆弧要画出对称中心线,回转体一定要画出轴线。

例:画出附图2-9组合体的三视图。

附图2-9　组合体

分析:认真观察组合体,它由长方体和圆柱体叠加而成。由三视图的形成可知,长方体的主视图、俯视图、左视图分别是三个长方形(长方体的三个面即前面、上面、左面);圆柱体的主视图和左视图是大小相同的一个长方形,俯视图是一个圆。

按照三视图作图方法及步骤,先画长方体的三视图,再画圆柱体的三视图,即完成组合体的三视图,如附图2-10所示。

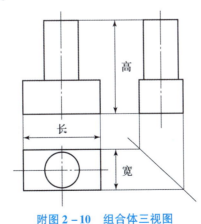

附图2-10　组合体三视图

3. 各种位置直线的投影特性

在三面投影体系中,根据直线与三投影面所处的相对位置不同,分类如附图3-1所示。

205

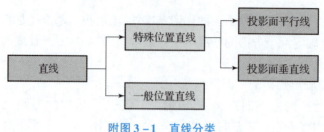

附图 3-1 直线分类

3.1 投影面平行线

平行于一个投影面的直线,称其为投影面平行线。投影图例及投影特性见附表 3-1。

附表 3-1 投影面平行线的投影特性

直线的位置	直观图	投影图	特征
平行于 V 面 (正平线)			$ab // OX$ $a''b'' // OZ$ $a'b' = AB$ 反映 $\alpha\gamma$ 实角
平行于 H 面 (水平线)			$a'b' // OX$ $a''b'' // OY1$ $ab = AB$ 反映 $\beta\gamma$ 实角
平行于 W 面 (侧平线)			$a'b' // OZ$ $ab // OY$ $a''b'' = AB$ 反映 $\alpha\beta$ 实角

3.2 投影面垂直线

垂直于一个投影面的直线,称其为投影面垂直线。投影图例及投影特性见附表 3-2。

附表 3-2 投影面垂直线的投影特性

直线的位置	直观图	投影图	特征
垂直于 V 面（正垂线）			$a'b'$ 积聚成一点 $ab \perp OX$ $a''b'' \perp OZ$ $ab = a''b'' = AB$
垂直于 H 面（铅垂线）			ab 积聚成一点 $a'b' \perp OX$ $a''b'' \perp OY_1$ $a'b' = a''b'' = AB$
垂直于 W 面（侧垂线）			$a''b''$ 积聚成一点 $ab \perp OY$ $a'b' \perp OZ$ $ab = a'b' = AB$

3.3 一般位置直线

对三个投影面都倾斜的直线，称其为一般位置直线。一般位置直线的三面投影都与投影轴倾斜，由正投影的基本性质可知，当直线投影面倾斜时，其投影具有类似性，并且比原直线长度短。如附图 3-2 所示。

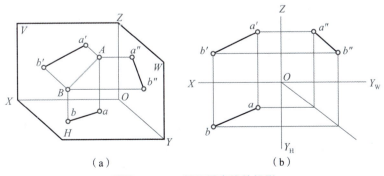

附图 3-2 一般位置直线的投影
(a) 直观图；(b) 投影图

4. 各种位置平面的投影特性

在三面投影体系中,根据平面与三投影面所处的相对位置不同,有如附图 4-1 所示分类。

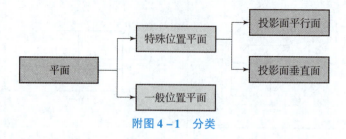

附图 4-1 分类

4.1 投影面平行面

平行于一个投影面而垂直于另外两个投影面的平面,称为投影面平行面。投影图例及投影特性见附表 4-1。

附表 4-1 投影面平行面的投影特性

名称	正平面	水平面	侧平面
物体的表面			
直观图			
投影图			
投影特征	①V 面投影反映直形 ②H、W 面投影积聚为一直线,且分别平行于 OX、OZ	①H 面投影反映直形 ②V、W 面投影有积聚性,且平行于 OX、OY_W	①W 面投影反映直形 ②H、V 面投影有积聚性,且分别平行于 OY_H、OZ

4.2 投影面垂直面

垂直于一个投影面而倾斜于另外两个投影面的平面,称为投影面垂直面。投影图例及投影特性见附表 4-2。

附表 4-2 投影面垂直面的投影特性

名称	铅垂面	正垂面	侧垂面
物体的表面	(图)	(图)	(图)
直观图	(图)	(图)	(图)
投影图	(图)	(图)	(图)
投影特征	①H面投影有积聚性 ②V、W投影为类似形	①V面投影有积聚性 ②H、W投影为类似形	①W面投影有积聚性 ②H、V投影为类似形

4.3 一般位置平面

对三个投影面都倾斜的平面,称其为一般位置平面。它的三面投影既没有积聚性,也不反映实形,而是小于原形的类似性。如附图 4-1 所示。

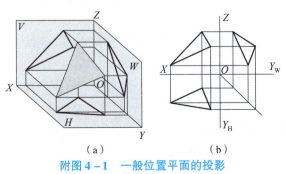

(a)   (b)

附图 4-1 一般位置平面的投影

(a)直观图;(b)投影图

5. 几何体的投影

几何体分为平面立体和曲面立体两类,如图 5-1 所示。

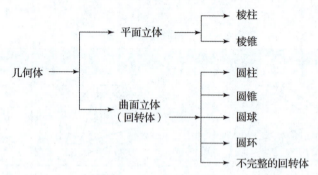

附图 5-1 几何体分类

回转面的形成:

一条动线即母线(直线或曲线)绕一条定直线即回转轴做回转运动形成的曲面即为回转面,见附表 5-1。

附表 5-1 回转面的形成

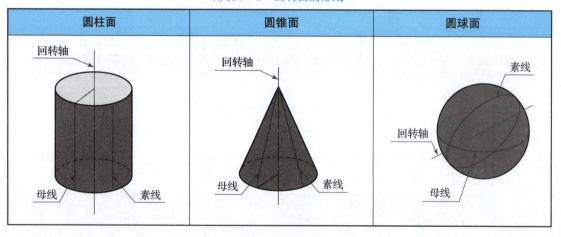

5.1 棱柱的三视图(以六棱柱为例)

投影分析:由附图 5-2(a)可知,六棱柱的水平投影为六边形,另外两个投影轮廓线为矩形。

作图时,先画反映特征的水平投影,再按投影规律完成其他两个投影,如附图 5-2(b)所示。

5.2 棱锥的三视图以及棱锥表面上点的投影(以三棱锥为例)

画法如下:

①画出棱锥顶点及底面的三面投影(利用底面的显实性和积聚性)。

②连接锥顶与底面三角形各顶点的同面投影,得到三面投影,如附图 5-3 所示。

③棱锥表面上点 K 的投影采用辅助线的方法作图,如附图 5-3 所示。

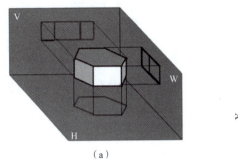
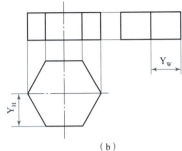

附图 5-2　六棱柱三视图
(a)直观图;(b)投影图

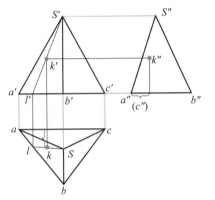
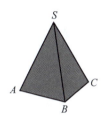

附图 5-3　棱锥三视图及表面上点的投影

5.3　圆柱的三视图

投影分析:由附图 5-4(a)可知,圆柱的水平投影为圆,另外两个投影轮廓为矩形。

作图时,注意圆柱表面上的四条特殊位置素线。先画反映特征的水平投影,再按投影规律完成其他两个投影,如附图 5-4(b)所示。

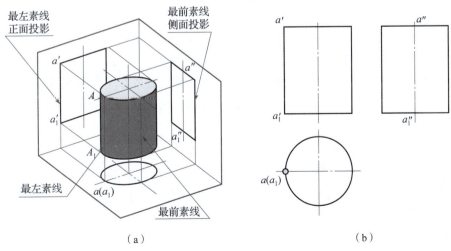

附图 5-4　圆柱三视图
(a)直观图;(b)投影图

5.4 圆锥的三视图以及圆锥表面上点的投影

空间分析：圆锥的水平投影为圆，锥顶落在圆心上，另外两个投影为等腰三角形。作图时，注意圆锥表面上的四条特殊位置素线。

画法如下（附图 5-5）：

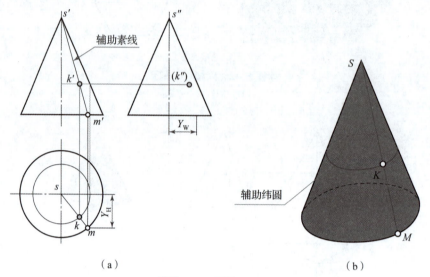

附图 5-5 圆锥三视图
(a)投影图；(b)直观图

① 先画反映特征的水平投影；
② 再按投影规律完成其他两个投影；
③ 圆锥表面上点 K 的投影有两种求法：

- 辅助素线法

锥顶 S 与圆锥表面上任一点的连线都是直线，如附图 5-5(b)中 SK 所示，延长，交底圆于 M 点，则 K 点的三面投影分别在辅助素线 SM 的三面投影上。已知 K 点的一面投影，利用辅助素线，按投影规律可画出另外两面投影，如附图 5-5(a)所示。

- 辅助纬圆法

由于母线上任一点绕轴线旋转的轨迹都是垂直于轴线的圆，如附图 5-5(b)所示圆锥的轴线为铅垂线，过 K 点的辅助纬圆为水平圆，其水平投影为锥底水平投影的同心圆。已知 K 点的一面投影，利用辅助纬圆，按投影规律可画出另外两面投影，如附图 5-5(a)所示。

5.5 圆球的三视图

投影分析：如附图 5-6(a)所示，圆球的三面投影都是与球的直径相等的圆。这三圆分别为球面上平行于正面、水平面和侧面的最大圆周的投影，即主视图的圆是球上平行于 V 面的素线（主子午线），俯视图的圆是球上平行于 H 面的素线（赤道圆），左视图的圆是圆上平行于 W 面的素线（侧子午线）。

画法如下：

先确定球心的三面投影，再画出三个与球的直径相等的圆，如附图 5-6(b)所示。

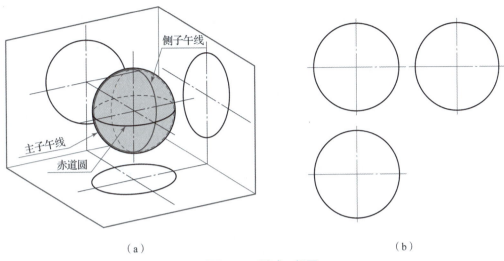

(a)　　　　　　　　　　　　　(b)

附图 5-6　圆球三视图
(a)投影图；(b)直观图

6. 几何体的轴测图

轴测投影图(简称轴测图)通常称为立体图,属于单面平行投影,它在一个投影面上能同时反映出物体长、宽、高三个方向的尺度,富有立体感,但不能反映物体的真实形状和大小,度量性差,且作图复杂,因此,在工程上把轴测图作为辅助图样,常用的是正等测和斜二测。在设计中,用轴测图帮助构思、想象物体的形状,以弥补正投影图的不足。

6.1　正轴测图的形成及正等轴测图的画法

(1)正轴测图的形成

如附图6-1所示,改变物体相对于轴测投影面的位置,而投影方向仍垂直于轴测投影面,这样得到的图形就是正轴测图。

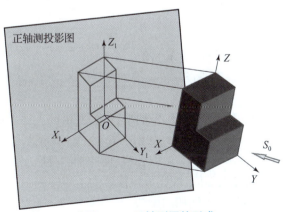

附图 6-1　正轴测图的形成

①正等测轴间角。

在正等轴测图中,三根轴测轴相互间的夹角相等,都是120°,即 $\angle X_1O_1Z_1 = \angle X_1O_1Y_1 = \angle Y_1O_1Z_1 = 120°$,其中 O_1Z_1 轴规定画成铅垂方向。

②轴向伸缩系数。

轴测投影长度与对应直角坐标轴上单位长度的比值,即

$$p = e_x/e;\quad q = e_y/e;\quad r = e_z/e$$

正等测三个轴向伸缩系数相等,即

$$p = q = r = 0.82$$

为了简化作图,采用简化伸缩系数,即

$$p = q = r = 1$$

(2)平面立体正等轴测图的画法

作平面立体正等轴测图的基本方法是坐标法。先在视图上建立直角坐标系 $OXYZ$ 作为度量基准,画出正等轴测轴,然后根据物体上各顶点的坐标,画出它们的轴测投影,最后由点连线完成物体的轴测图,即:先定点,后连线。

如附图 6-2(a)所示,已知三棱锥的两视图,画其正等轴测图。

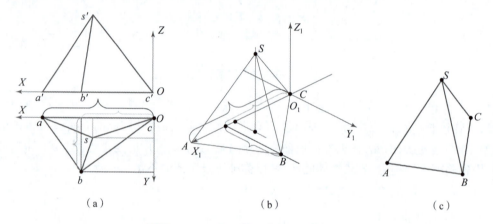

附图 6-2 平面立体正等轴测图的画法

三棱锥正等轴测图作图步骤如下:

①在视图上建立直角坐标系 $OXYZ$ 作为度量基准,即确定坐标原点和坐标轴,如附图 6-2(a)所示。

②画轴间角为 120°的正等轴测轴 $O_1X_1Y_1Z_1$。

③按坐标分别作出底面角点俯视图 a、b、c 的轴测投影 A、B、C,以及锥顶的俯视图 s 在轴测轴底面的位置。如附图 6-2(b)所示。

④过锥顶在轴测轴底面的位置点作 O_1Z_1 的平行线,并由该点往上量取与主视图 S' 的 Z 轴坐标值相等的高度,定出锥顶的轴测投影 S,如附图 6-2(b)所示。

⑤依次连接各点的轴测投影 A、B、C、S,得各棱、面的轴测投影,如附图 6-2(b)所示。

⑥擦去多余的作图线,加深轮廓线,即完成三棱锥的正等轴测图,如附图 6-2(c)所示。

(3)平行于坐标面的圆的正等轴测图的画法

坐标面或其平行面上的圆的正等轴测图是椭圆。为了简化作图,工程上常采用"四心法"绘制椭圆。

如附图 6-3 所示,以水平圆(平行于 XOY 坐标面的圆)的正等轴测图为例,说明用四心法近似作椭圆的方法。

水平圆正等轴测图作图步骤如下：

①在视图上建立直角坐标系 XOY，并画圆的外切正方形 $ABCD$，如附图 6-3(a) 所示。

②画轴间角为 120°的轴测轴 $O_1X_1Y_1$，并画正方形 $ABCD$ 的轴测图，即菱形 $A_1B_1C_1D_1$，对角线 B_1D_1、A_1C_1 即为椭圆的长短轴，如附图 6-3(b) 所示。

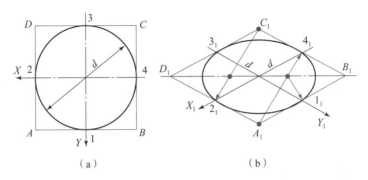

附图 6-3 平行于坐标面的圆的正等轴测图的画法

③确定椭圆的四个圆心和半径：如附图 6-3(b) 所示，连接 $A_1 4_1$、$C_1 2_1$，即为上下两段圆弧的半径，圆心分别为 A_1、C_1；$A_1 4_1$、$C_1 2_1$ 与对角线 $B_1 D_1$ 相交于左、右两点，即为长轴上的两个圆心，左边交点与 2_1 的距离即为左、右两段圆弧的半径。

④分别画出四段彼此相切的圆弧，即完成水平圆的正等轴测图，如附图 6-3(b) 所示。

6.2 斜轴测图的形成及斜二轴测图的画法

(1) 斜轴测图的形成

如附图 6-4 所示，改变投影方向使其倾斜于投影面，而不改变物体对投影面的相对位置，这样所得到的图形就是斜轴测图。

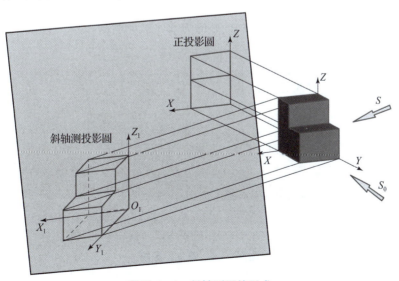

附图 6-4 斜轴测图的形成

①斜二测轴间角。

在斜二轴测图中，三个轴间角依次为 $\angle X_1 O_1 Z_1 = 90°$、$\angle X_1 O_1 Y_1 = \angle Y_1 O_1 Z_1 = 135°$，其中

O_1Z_1 轴规定画成铅垂方向。

②轴向伸缩系数。

三个轴向伸缩系数分别为：

$$p = r = 0.82, \quad q = 0.5$$

为了简化作图，采用简化伸缩系数，即

$$p = r = 1$$

(2) 斜二轴测图的画法

因为在斜二轴测图中，$\angle X_1O_1Z_1 = 90°$，所以平行于 XOZ 平面的任何图形，在斜二轴测图上均反映实形。因此，平行于 XOZ 坐标面的圆和圆弧，其斜二测投影仍是圆和圆弧。而平行于 XOY、YOZ 坐标面的圆，其斜二测投影均是椭圆，这些椭圆作图较复杂。因此，斜二轴测图主要用于表示仅在一个方向上有圆或圆弧的物体，当物体在两个或两个以上方向有圆或圆弧时，一般不用斜二轴测图，而采用正等轴测图。

平面立体斜二轴测图的画法与正等轴测图画法一样，采用坐标法，区别在于轴间角和 Y 轴方向的伸缩系数不同。

7. 机件的表达方法

7.1 视图

视图是物体在投影面上进行投影所得图形，视图主要表达机件的外部形状。在视图中应用粗实线画出物体的可见轮廓，必要时可用虚线画出物体的不可见轮廓。

视图可分为基本视图、向视图、斜视图、局部视图。

(1) 基本视图

①定义：机件向基本投影面投影所得的图形。

②基本投影面：国标规定正六面体的六个面为基本投影面。把机件放在正六面体中，分别向六个基本投影面进行投影，得到六个基本视图，即主、俯、左、右、后、仰视图，如附图 7 – 1 所示。

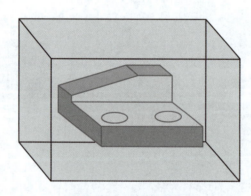

附图 7 – 1 基本投影面

③基本视图的展开：如附图 7 – 2 所示，以正面为基准，其他各投影面按图中箭头所指方向转至与正面共面位置。

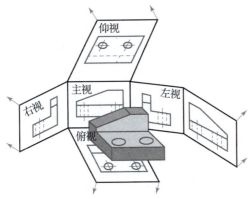

附图 7-2　基本视图的展开

④配置以及投影关系:以主视图为基准,"长对正、高平齐、宽相等",主视图四周的四个视图宽相等,符合"里后外前",如附图 7-3 所示。

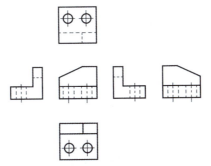

附图 7-3　基本视图的配置及投影关系

(2)向视图

向视图是可以自由配置的视图,如附图 7-4 所示。

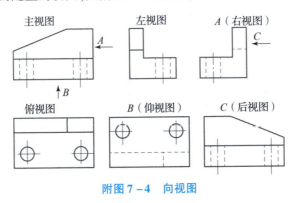

附图 7-4　向视图

(3)斜视图

①定义:机件向不平行于任何基本投影面的平面(即辅助投影面)投影所得的视图,如附图 7-5 所示。

②作用:表达机件倾斜结构的实形。

③画法:只需画出倾斜结构的形状,用波浪线将倾斜部分与其余部分分开。

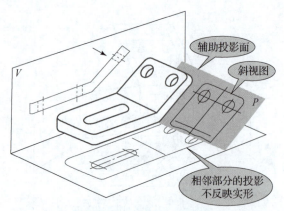

附图 7-5 斜视图的形成

④配置:配置在箭头所指方向,且符合投影关系,必要时可平移配置在其他位置,也可以将其旋转摆正,如附图 7-6 所示。

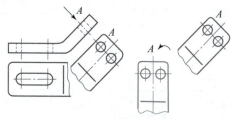

附图 7-6 斜视图的配置

⑤标注:视图上方用大写字母标出视图名称"×",相应视图附近用箭头指明投影方向,并注上相同的字母。字母均水平书写。如斜视图旋转画出,则需注明"×"旋转方向,如附图 7-6 所示。

(4)局部视图

①定义:将机件的某一部分向基本投影面投影所得的视图,如附图 7-7 所示。

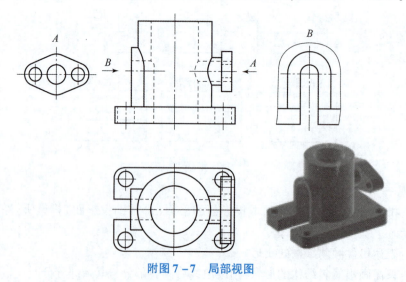

附图 7-7 局部视图

②作用:补充表达基本视图未表达清楚的部分,可减少基本视图的数量。
③画法:画出局部,其范围用波浪线与其他部分分开。当局部结构完整时,外形轮廓线自行封闭时,不画波浪线。
④配置:配置在箭头所指投影方向,且符合投影关系,必要时可移位配置。
⑤标注:视图上方用大写字母标出视图名称"×",相应视图附近用箭头指明投影方向,并注上相同的字母。

7.2 剖视图

(1)剖视图的形成

假想用剖切面把机件剖开,移去观察者和剖切面之间的部分,将其余部分向投影面投射所得到的图形,称为剖视图,如附图7-8。剖视图主要用来表达机件内部结构形状。

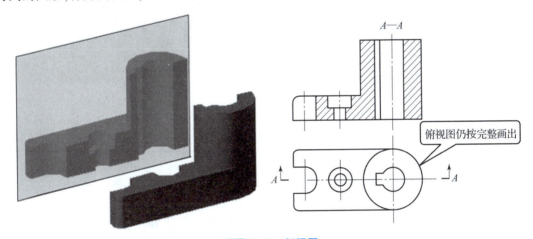

附图7-8 剖视图

(2)画剖视图的注意事项:

①因为剖切是假想的,并不是真的把物体切开拿走一部分,因此,当一个视图画成剖视后,剖视图以外的其他视图仍按完整机件画出。

②剖视图中的剖切平面与物体接触处,即剖视区域,应画上剖面符号。国家标准中规定了各种材料的剖面符号,用金属材料制造的物体,其剖面符号应画成与水平线成45°且间距相等的细实线,称为剖面线。同一物体中,各剖视图中的剖面线应间距相等、方向相同。

(3)剖视图的标注

一般应在剖视图上方用字母标出剖视图的名称"×—×",在相应视图上用剖切符号表示剖切位置,用箭头表示投射方向,并注上同样的字母。当剖视图按投影关系配置,中间又没有其他图形隔开时,可省略箭头。当单一剖切平面通过物体的对称平面或基本对称平面,且剖视图按投影关系配置,中间又没有其他图形隔开时,可省略标注,如附图7-9所示。

(4)剖视图的种类

剖视图可分为全剖视图、半剖视图和局部剖视图。

①全剖视图。

用剖切面完全地剖开物体所得的剖视图,称为全剖视图,如附图7-8所示。全剖视图主要用于表示内部形状复杂的不对称物体,或外形简单的对称物体。

②半剖视图。

当机件具有对称面时,在垂直对称面的投影上,以对称中心线为界,一半画成视图,另一半画成剖视。这种组合图形称为半剖视图,如附图 7－9 所示。

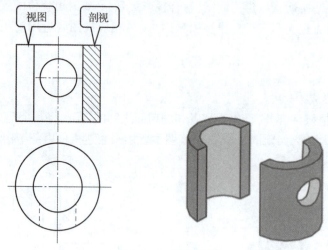

附图 7－9　半剖视图

优点:能在一个图形中同时反映机件的内形和外形。由于机件是对称的,据此很容易想象出整个机件的全貌。

半剖视图的标注与全剖视图相同。

③局部剖视图。

用剖切面局部地剖开物体所得的剖视图,称为局部剖视图,如附图 7－10 所示。

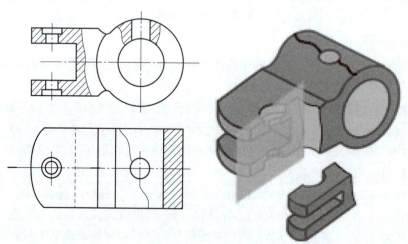

附图 7－10　局部剖视图

局部剖视图主要用来表达机件的局部内部形状结构,或不宜采用全剖视图或半剖视图的地方。它具有同时表达机件内、外结构形状的优点,且不受机件是否对称的条件限制,在什么地方剖切、剖切范围的大小,均可根据表达的需要而定,是一种很灵活的表达方法,因此应用广泛。

局部剖视图以波浪线为界,波浪线应画在机件的实体部分,不能超出轮廓线之外,也不能穿槽穿孔而过,不能与图形上的其他图线重合,以免引起误解,如附图 7-10 所示。

7.3 断面图

(1)定义

假想用剖切面将物体的某处切断,仅画出该剖切面与物体接触部分的图形,称为断面图,简称断面,如附图 7-11 所示。

(2)断面图的形成

用垂直于结构要素的中心线(轴线或主要轮廓线)的剖切平面进行剖切,再将断面图旋转 90°使其与纸面重合得到。

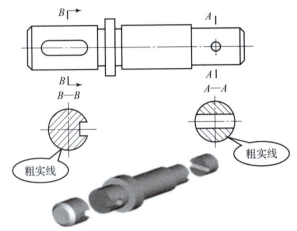

附图 7-11 断面图

(3)断面图与剖视图的区别

断面图是零件上剖切处断面的投影,而剖视图则是剖切后零件的投影,如附图 7-12 所示。

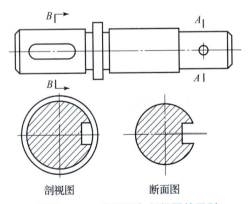

附图 7-12 断面图与剖视图的区别

(4)断面图的分类及画法

按其图形所处位置不同,分为移出断面图和重合断面图两种。

①画在视图轮廓之外的断面称为移出断面。移出断面的轮廓线用粗实线绘制。如附图 7-11 所示。

②重合断面图:画在视图内的断面图。重合断面图的边界线用细实线表示。当断面图与原视图轮廓线重叠时,原视图仍应完整绘制,即原视图中机件边界投影并不因为断面图而中断,如附图 7 – 13 所示。

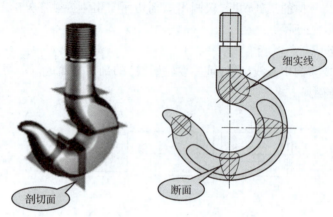

附图 7 – 13　重合断面图

7.4　其他表达方法

(1) 局部放大图

当机件的某些局部结构较小,在原定比例的图形中不易表达清楚或不便标注尺寸时,可将机件局部结构用大于原图形所采用的比例单独画出,这种图形称为局部放大图。

局部放大图可画成视图、剖视图、断面图。局部放大图应尽量配置在被放大部位的附近,如附图 7 – 14 所示。

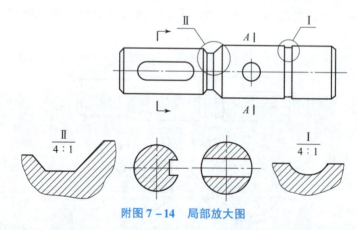

附图 7 – 14　局部放大图

当物体上有几处被放大部位时,必须用罗马数字依次标明,并用细实线圆圈出,在相应的局部放大图上方标出相同数字和放大比例,如附图 7 – 14 所示。

(2) 简化画法

①对于肋板、轮辐及薄壁等结构,若剖切面沿其纵向(即厚度方向)剖切时,剖面内不画剖面符号,而用粗实线将其与邻近部分分开,如不是沿纵向剖切,则要在剖面内画剖面符号,如附图 7 – 15 所示。

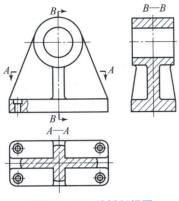

附图 7-15 肋板剖视图

②回转体上均布的肋、轮辐、孔等,不论奇数或偶数,剖视图都应画成对称形式,即不论其是否处于剖切平面内,都将其旋转到剖切平面内画出,如附图 7-16 所示。

③当机件上较小的结构及斜度等已在一个图形中表达清楚时,其他图形应当简化或省略,也可只按其斜度、锥度的小端画出,如附图 7-17 所示。

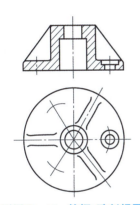
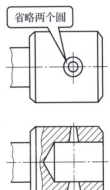

附图 7-16 轮辐、孔剖视图　　附图 7-17 小结构简化画法

④当物体上具有若干相同结构(齿、槽、孔等),并按一定规律分布时,只需画出几个完整结构,其余用细实线相连或标明中心位置,并注明总数,如附图 7-18 所示。

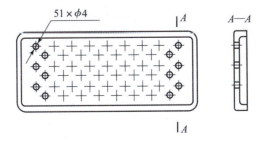

附图 7-18 规律分布的相同结构简化画法

⑤圆柱形法兰和类似零件上均布的孔,可用辅助半圆表达其他几个孔的位置(由机件外向该法兰端面方向投射),如附图 7-19 所示。

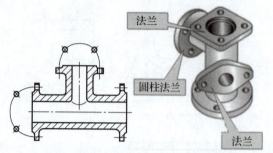

附图7-19　法兰上均布的孔简化画法

⑥较长的机件（轴、杆型材、连杆等）沿长度方向的形状一致或按一定规律变化时，可断开后缩短绘制，如附图7-20所示。

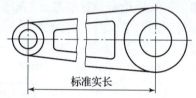

附图7-20　长度方向规律变化的机件简化画法

⑦在不致引起误解时，对于对称的视图，可只画一半或四分之一，并在对称中心线的两端画出两条与其垂直的平行细实线，如附图7-21所示。

附图7-21　对称视图的简化画法

⑧为了避免增加视图或剖视图，可用细实线绘出对角线来表示平面，如附图7-22所示。

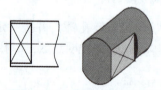

附图7-22　平面的表示方法

参 考 文 献

[1] 陆润民. 计算机辅助绘图基础[M]. 北京:清华大学出版社,2004.
[2] 杨胜强. 现代工程制图[M]. 北京:清华大学出版社,2004.
[3] 崔晓利. 中文版 AutoCAD 工程制图(2010 版)[M]. 北京:清华大学出版社,2009.
[4] 桂树国. AutoCAD 2008 工程绘图及实训[M]. 北京:电子工业出版社,2010.
[5] 左昉,胡仁喜. 电气 CAD 实例教程[M]. 北京:人民邮电出版社,2012.
[6] 张云杰,邱慧芳. AutoCAD 2010 电气设计基础教程[M]. 北京:清华大学出版社,2010.
[7] 尧有平,李晓华. 电力系统工程 CAD 设计与实训. 北京:北京理工大学出版社,2008.
[8] 赵雨生,李世林. 电气制图使用手册[M]. 北京:中国标准出版社,2000.
[9] 何利民,尹全英. 电气制图与读图[M]. 北京:机械工业出版社,2003.
[10] 王晋生. 新标准电气制图[M]. 北京:中国电力出版社,2003.
[11] 陈冠玲,张卫刚,曹菁. 电气 CAD 基础教程[M]. 北京:清华大学出版社,2011.
[12] 刘国亭,刘增良. 电气工程 CAD 第二版[M]. 北京:中国水利水电出版社,2011.
[13] 梁波,王宪生. 中文版 AutoCAD 2008 电气设计[M]. 北京:清华大学出版社,2009.
[14] 中国南方电网有限责任公司. 10 kV 及以下业扩受电工程典型设计图集(2018 版)[M]. 北京:中国电力出版社,2018.
[15] 国家电网有限公司. 国家电网有限公司配电网设备标准化设计定制方案(2019 年版) 10 kV 高压/低压预装式变电站[M]. 北京:中国电力出版社,2019.
[16] 国家电网有限公司. 国家电网有限公司配电网设备标准化设计定制方案(2019 年版) 12 kV 环网柜(箱)[M]. 北京:中国电力出版社,2019.
[17] 国家电网有限公司. 国家电网有限公司 380/220 V 配电网工程典型设计(2018 年版)[M]. 北京:中国电力出版社,2019.